W0212065

Das Führungsteam

Olaf Hinz

Das Führungsteam

Wie wirksame Kooperation an der Spitze gelingt

Springer Gabler

Olaf Hinz
Hamburg
Deutschland

mit einem Beitrag von Dani Rey

ISBN 978-3-658-03890-8 ISBN 978-3-658-03891-5 (eBook)
DOI 10.1007/978-3-658-03891-5

Die Deutsche Nationalbibliothek verzeichnet diese Publikation in der Deutschen Nationalbibliografie; detaillierte bibliografische Daten sind im Internet über http://dnb.d-nb.de abrufbar.

Springer Gabler

Lektorat: Juliane Wagner

Gedruckt auf säurefreiem und chlorfrei gebleichtem Papier

Springer Gabler ist eine Marke von Springer DE. Springer DE ist Teil der Fachverlagsgruppe Springer Science+Business Media
www.springer-gabler.de

Vorwort

Die Zeit der einsamen Helden an der Spitze von Unternehmen, Geschäftsbereichen oder Abteilungen ist vorbei! So beklagt Sven Clausen in der Zeitung „Die Welt" am 28. Juli 2013, dass der scheidende Siemens Vorstand Peter Löscher *„ein solch komplexes Gebilde wie den Siemens-Konzern mit seinen 370.000 Beschäftigten nicht allein führen kann"*. Aber auch dort, wo die Führungsaufgabe auf mehrere Schultern verteilt wurde, läuft es nicht rund. Die SAP AG schaffte die Doppelspitze im Sommer 2013 überraschend wieder ab, während sich die beiden CEOs der Deutschen Bank bis heute mit einer Unternehmensentwicklung plagen, die hinter den Erwartungen zurückgeblieben ist.

Die Themen sind zu vielfältig, die Fragestellungen komplex und die zu bearbeitende Menge von Top-Management-Entscheidungen steigt. Da ist es gut, Unternehmensführung im Team zu organisieren, statt allein auf Charisma an der Spitze zu setzen. Aber dann wird nicht nur eine formale Doppelspitze oder Managementrunde gebraucht, in der die anwesenden Manager ihre Ressorts vertreten und eifersüchtig darauf achten, dass jeder Schuster bei seinen Leisten bleibt.

Nötig ist ein Team bestehend aus Führungskräften, die bewusst ihre Unterschiede nutzen und Bereichsgrenzen überwinden wollen. Nur wer die Chancen der Dynamik von Führungsteams kennt und sie nicht „wegmanagt", wird das Erfolgspotenzial mehrerer Schultern nutzen. Denn es ist doch eine Binsenweisheit: Der Wunsch, der komplexen Welt mit einer unfehlbaren (IT-)Technik, exakten Methoden und eindeutigem Management zu begegnen, ist zum Scheitern verurteilt – genau wie der Versuch, bis ins Detail zu planen, was geschehen wird.

Führungskräfte, die sich entschlossen haben, ein Führungsteam zu bilden, sind nicht nur erfolgreicher, sondern auch gelassener, in vielen Punkten weniger belastet und persönlich zufriedener als jene Gruppen von Managern, die sich nur als „Managementrunde" verstehen. Die Mühe, sich mit der eigenen Rolle und Wirkung sowie der Kooperation an der Spitze zu beschäftigen, hat sich gelohnt.

Dieses Buch ist ein Plädoyer dafür, dass sich Führung zu einer Mannschaftsleistung weiterentwickelt!

Daher präsentiere ich hier nicht das Repertoire klassischer Teamentwicklungen. Darüber gibt es genug sinnvolle Literatur.

Ich zeige die Spezifika, die wichtig sind, wenn Führungskräfte zu einem Führungsteam an der Spitze einer Organisation, eines Geschäftsbereiches oder einer Abteilung zusammenwachsen wollen. Dieses Buch thematisiert die blinden Flecke in Sachen Führung wie Rollenspiel, Macht, Einfluss, Inszenierung, Unsicherheit, strategische Planwirtschaft und unentscheidbare Entscheidungen. Ich ergänze dieses Plädoyer um Tipps und Tricks sowie einen Blick in meinen Werkzeugkoffer aus der Praxis der Beratung von Führungsteams.

Lesern, die es besonders eilig haben, empfehle ich den Blick in das Kap. 7: Dort finden sie die notwendigen sechs Schritte von der Managementrunde zum Führungsteam schon einmal im Überblick …

Immer eine Handbreit Wasser unter dem Kiel wünscht

Hamburg, im Februar 2014

Olaf Hinz
oh@hinz-wirkt.de

Inhaltsverzeichnis

Was wirksame Führungsteams von Managementrunden unterscheidet

1

Zusammenfassung

Führungsteams entfalten ihre Rolle nur, wenn sie sich konsequent von Managementaufgaben verabschieden und stattdessen die Aufgabe der Führung ins Zentrum ihrer Tätigkeit stellen. Klare Rollen sind die notwendige Bedingung, um wirksam zu sein, denn nur auf der Basis des Bewusstseins für die Rolle jedes Einzelnen kann ein wirksamer Teamentwicklungsprozess entstehen. Dieser ist umso erfolgreicher, wenn das Team nicht nur auf Gemeinsamkeit und Harmonie setzt, sondern auch die Unterschiede gleichermaßen thematisiert.

1.1 Auf der Brücke bleiben

Führung und Management sind zwei Begriffe, die im täglichen Sprachgebrauch oft synonym benutzt werden. Da gibt es ein Top-Management, wo man an der Unternehmensspitze doch eher die Top-Führungskräfte erwarten würde. Genauso entdecken wir Führungskräfte auf allen Ebenen der Organisation, obwohl ein Gruppenleiter in der Instandhaltung oder Buchhaltung doch eher mit dem Management der Aufgaben seiner drei Mitarbeiter beschäftigt ist.

Wirksame Teams an der Spitze haben sich klar für Führung entschieden und sich von der Managementrunde, die sich mit vielerlei operativen Themen herumschlägt, verabschiedet. Denn Führung

O. Hinz, *Das Führungsteam*, DOI 10.1007/978-3-658-03891-5_1,

und Management sind zweierlei Dinge. Vielen ist sicher die Faustformel „*Managers do things right, Leaders do the right things*" (Bennis und Nanus 1985) bekannt:

Während Führungskräfte sich um die „harten" Themen Strategie, Ziele, Kernprozesse, Schlüsselressourcen und die „weichen" Leadership-Themen Motivation, Kommunikation, Inspiration und Innovation kümmern, sind die Manager die wichtigen Techniker des Geschäfts. Sie wenden sich den Themen der Aufgabenerfüllung, Projektumsetzung, des Controllings und dem Tagesgeschäft der personellen Führung (Mitarbeitereinsatz- und Urlaubsplanung, Qualitätskontrolle) zu.

Die „things right – right things"-Faustformel macht die Unterschiede zwischen Führung und Management gut sichtbar, vernachlässigt allerdings den Überlappungsbereich, in dem sich Führung und Management täglich begegnen müssen. Daher arbeite ich bei der Arbeit mit Managern, die ein wirksames Führungsteam werden wollen, mit einem dreiteiligen Konzept (Abb. 1.1).

Auf der **Strategieebene** werden die Voraussetzungen geschaffen, damit die Organisation erfolgreich arbeiten kann. Durch die Formulierung einer schlagkräftigen Strategie, die Konzentration auf Kernprodukte und Zielmärkte und die Schaffung eines passenden Kultur- und Wertekontextes sowie das Treiben von Innovation und Veränderung wird die Organisation darauf ausgerichtet, die richtigen Dinge zu tun.

Damit diese richtigen Dinge auch gut getan werden können, braucht es effiziente **Strukturen.** Die Entwicklung der Aufbauorganisation und von leistungsfähigen Geschäftsprozessen ist daher genauso nötig wie der Aufbau von (IT-)Systemen und Entscheidungsmechanismen über die Verteilung der knappen Ressourcen.

Zentrales Merkmal erfolgreicher Organisationen ist die sinnvoll gestaltete **Instrumentenebene.** Hier wird dafür gesorgt, dass die Dinge auch getan werden. Deshalb sind hier die Rollen beschrieben und die Aufgaben, Befugnisse und der Verantwortungsumfang geklärt. Das Tagesgeschäft mit seinen typischen Aufgaben der Klärung

Strategie *richtige Dinge tun*	• Kultur und Werte • Vision, Mission. Ziele • Kernprodukte und Zielmärkte • Innovation und Veränderung
Struktur *Dinge gut tun*	• Organisation • Prozesse / Handbücher / Standards • Ressourcenverteilung / Pläne / Budget • (IT) Systeme
Instrumente *Dinge tun*	• Aufgabe, Befugnisse, Verantwortung • Rollenklarheit • Regeln durchsetzen • Schnittstellen klären • Delegieren und Umsetzung kontrollieren

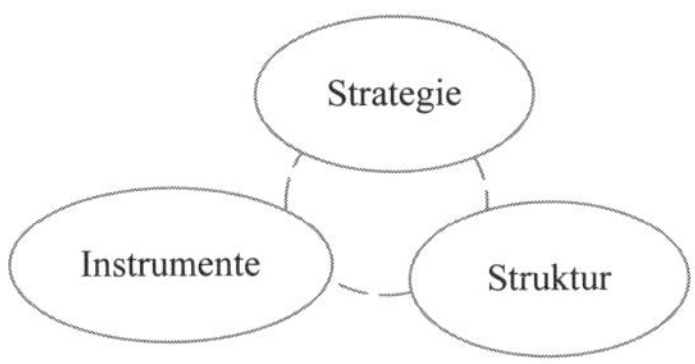

Abb. 1.1 Die drei Ebenen der Führung

von Schnittstellen findet sich ebenso in der Instrumentenebene wie Delegation und Kontrolle. Operative (Fach-)Entscheidungen zu treffen, um die in der Strukturebene definieren Regeln durchzusetzen, ist die Hauptaufgabe, wenn Führungskräfte in der Instrumentenebene tätig sind.

Die Herausforderung für Management liegt in einer guten Ausgestaltung der Instrumentenebene und der aktiven Mitarbeit auf der Strukturebene, damit Strukturen entwickelt werden, die dann auch gut funktionieren. Führung dagegen zeigt sich vor allem im Bereich der Strategie und beim Aufbau von Strukturen, die die Umsetzung der Strategie effizient ermöglichen.

Erfolgreiche Organisationen brauchen immer beides: hervorragende Management-Technik, die sich im Maschinenraum der Instrumentenebene um einen möglichst effizienten Betrieb kümmert, und hervorragende Unternehmens-Führung, die auf der Brücke der Strategieebene den Kurs absteckt. Das Zusammenspiel dieser beiden findet auf der Strukturebene statt, wenn abgesprochen wird, mit welchem Arbeitsprogramm der angelegte Kurs erreicht werden soll.

> Führungsteams entfalten ihre volle Wirksamkeit nur, wenn sie auf der Brücke bleiben, ihre Energie klar auf die Strategie- und Strukturebene fokussieren und nur selten in den Maschinenraum der Instrumentenebene hinabsteigen.

1.2 Den Kontext führen

Der Teambegriff ist schillernd und wird inflationär gebraucht. Wenn es mir in diesem Buch um das Führungsteam geht, wie grenzt sich dieses Team dann ab:

- zu Gruppen, die aus Mitarbeitern und ihrer Führungskraft bestehen?
- zu Projektteams?
  und
- zu all den Abstimmungsrunden, die in jedem Unternehmen unablässig tagen?

Das Führungsteam, sei es an der Spitze einer Organisation, eines Geschäftsbereiches oder an einem Unternehmensstandort, ist durch vier Merkmale gekennzeichnet:

1. **dauerhafte Kooperation**, d. h. die Team- Mitglieder richten ihre Zusammenarbeit so aus, dass sie die Ergebnisse ihrer Arbeit und Konsequenzen ihrer Entscheidungen in Zukunft gemeinsam „erleben“ werden.
2. **Orientierung am Unternehmenserfolg**, d. h., das Führungsteam handelt unter der Prämisse, dass sich Aktionen am Ende positiv in der Erfolgsrechnung des Unternehmens (z. B. in der Gewinn- und Verlustrechnung) auswirken sollen.

3. **Entscheidungsfähigkeit,** d. h., die Mitglieder nutzen ihre weitgehenden disziplinarischen und formalen Befugnisse, sind entscheidungsfreudig und übernehmen Verantwortung.
4. **Kontextführung**, d. h., ein Führungsteam gestaltet aktiv den Kontext des Unternehmens, indem es einerseits die strategischen Entscheidungen über Produkte, Kernmärkte, Standorte sowie Erst- und Erweiterungsinvestitionen trifft. Andererseits schafft es auf der Strukturebene (Abb. 1.1) die Voraussetzungen, dass Umweltinformationen von der Organisation effizient verarbeitet werden können.

Insbesondere das Merkmal Kontextführung unterscheidet ein Führungsteam von den oben genannten anderen Gruppen. In früheren Zeiten wurde die Führungsaufgabe häufig allein als personenzentriert verstanden bzw. Mitarbeiterführung von Unternehmensführung abgegrenzt. Die unendliche Liste der Modelle und Bücher mit dem Untertitel „So führen Sie richtig", die Sie heute in jedem gut sortierten Buch Shop finden, belegt dies.

In Zeiten von Globalisierung, steigender Komplexität und abnehmender Prognosesicherheit über zukünftige Marktentwicklungen muss sich Führung aber weiterentwickeln und auch den Kontext der stetigen Veränderung bearbeiten. Es sind die Führungskräfte bzw. Führungsteams, die eine neue Aufgabe an der Grenze der Organisation zu ihrer Organisationsumwelt zu erfüllen haben. An dieser Schnittstelle der Organisation zur Außenwelt sind Führungskräfte dafür zuständig, die vielschichtigen und „außen" liegenden Kontextinformationen der Umwelt in das Unternehmen zu importieren, indem sie z. B. „auf die Marktgegebenheiten reagieren". In Abb. 1.2 ist die Aufgabe der Kontextführung im mittleren Kreis als dunkler Ring dargestellt.

Kontextführung ist ein Konzept, das den Kontakt einer Organisation mit seiner Umwelt/ Außenwelt betont. Wie die Abb. 1.2 zeigt, agieren Führungsteams im Raum zwischen der Innenwelt der Organisation und der Umwelt, die „außen" um die Organisation herum

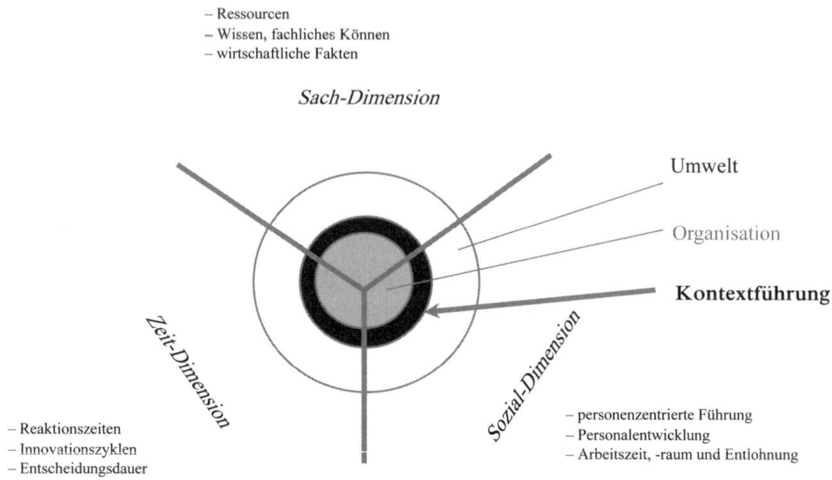

Abb. 1.2 Kontextführung

ist. Die Membran, die die Organisation mit Umwelteinflüssen versorgt und die Umwelt mit Informationen aus der Organisation, ist die Kontextführung, die an der Grenze zwischen Organisation und Umwelt stattfindet und den Austausch ermöglicht.

Dabei ist diese Membran ist nicht allein auf die soziale Dimension, d. h. das frühere personenzentrierte Führungsverständnis beschränkt, sondern hat auch die Zeit- und Sachdimension im Blick. Abbildung 1.2 zeigt: Führung wird zu einer weitgehenden Aufgabe, die sowohl die unterschiedliche Dimensionen als auch das Umfeld im Blick haben muss. Wirksame Kontextführung sorgt dafür, dass in der

- **Zeit-Dimension** die Reaktionszeit auf Umwelteinflüsse niedrig bleibt, Innovationszyklen den Marktansprüchen genügen und die Entscheidungsdauer in der Organisation wettbewerbsfähig ist.
- **Sach-Dimension** die Zahlen, Daten und Fakten aktuell sind, notwendige Ressourcen in benötigter Qualität zur Verfügung stehen und das Wissen in der Organisation nicht nur „dem Stand der Technik entspricht“, sondern auch sinnvoll verteilt wird.

- **Sozial-Dimension** die Führung und Entwicklung der Mitarbeiter und die Rahmenbedingungen (Anzahl, Arbeitszeit, -raum, Entlohnung etc.) professionellen Ansprüchen genügen.

Ein Beispiel verdeutlicht dies: Die gesellschaftspolitische Entscheidung für die Energiewende in Deutschland war für die energieerzeugenden Organisationen eine relevante Veränderung der Sach-Dimension in der gesellschaftlichen Umwelt. Es galt für die Führung dieser Energieversorger nun, diese Veränderung so nach innen zu bringen, dass in der Dimension Zeit ein tiefgreifender Veränderungsprozess als Reaktion auf die neue gesellschaftspolitische Lage rasch beginnen konnte. Die Produktion und die Verteilung des Stromes wurden getrennt, denn sie durften nicht mehr in einem Unternehmen erfolgen. Statt wie früher die Versorgung der „Empfänger" in einem definierten Gebiet sicherzustellen, gibt es nun einen Preiswettbewerb, Stromexporte und –importe, einen Börsenhandel mit Strom und CO_2-Zertifikaten sowie gesetzlich definierte Umlagen, die die Kosten der Erzeugung aus regenerativen Quellen verteilen.

Schnell war klar, dass dieser radikale Wandel „Anpassungen" auch auf der Seite der sozialen Dimension erforderte. Im „Tagesspiegel" (2013) war im November 2013 zu lesen:

> Die Energiewende kostet Geld – und Arbeitsplätze. Jedenfalls bei den großen Energieversorgern. Nachdem Vattenfall, EnBW und Eon den Abbau von vielen tausend Stellen bereits vollzogen oder angekündigt haben, schockte am Donnerstag RWE die eigene Belegschaft. Konzernweit sollen in den kommenden drei Jahren 6750 Stellen wegfallen, davon 4750 hierzulande.

Der Spiegel berichtet bereits zwei Jahre vorher (2011), dass der im Kraftwerksbau aktive Konzern Areva,

> jährliche Einsparungen von einer Milliarde Euro bis 2015 angekündigt hat. Die Investitionen sollen um ein Drittel auf 7,7 Milliarden Euro zurückgefahren werden.

Das Beispiel zeigt eindrücklich, dass die Herausforderung eines modernen, erweiterten Führungsverständnisses der Kontextführung groß ist. Simultan müssen die verschiedenen Dimensionen und Umwelten beobachtet werden, die relevanten Informationen sind auszuwählen und diese über die Strategie und Strukturebene in die Organisation zu bringen. Das ist definitiv zu viel für einsame Unternehmenslenker!

Es liegt auf der Hand: Mehrere Führungskräfte können die Aufgabe Kontextführung besser bewältigen als der Einzelne: Mehrere Köpfe können besser aus der allgegenwärtigen Informationsflut herausfiltern, was für das Unternehmen wichtig ist. Damit dies wirksam gelingt, organisieren sich diese Führungskräfte als Führungsteam und steuern das Unternehmensschiff auch in Zeiten schnell wechselnder See sicherer und wirksamer als ein einsamer Steuermann, der den alten Kurs hält.

► In einer Zeit, die von zunehmender Komplexität, abnehmender Prognosesicherheit und Trendbrüchen gekennzeichnet ist, ist Kontextführung durch ein Führungsteam die wirksame Antwort einer Organisation, die weiterhin erfolgreich bleibt.

1.3 Führung ist (k)ein Rollenspiel

Damit ein Führungsteam das Unternehmensschiff sicherer und wirksamer steuern kann, kommt es darauf an, dass das Miteinander der Führungskräfte eine produktive Arbeit ermöglicht. Damit kooperative Führung unter Führungskräften gelingt, sind vier Zutaten nötig:

- **klar beschriebene Positionen/Stellen** in der Struktur der Organisation, d. h. eine transparente Aufbau- und Ablauforganisation mit „sauberen“ Schnittstellen und Prozessen,

- **offen kommunizierte Erwartungen** derjenigen (Stakeholder), die mit dem Stelleninhaber in der Organisation zusammenarbeiten,
- **ein klares Rollenbild der Führungskraft**, die diese Position/Stelle in der Organisation dann ausführt, sowie
- **einen transparenten Aushandlungsprozess für die unterschiedlichen Rollen**, den die Mitglieder im Zuge der Entwicklung zum Führungsteam durchlaufen.

Berufliche Rollen und wie sie in einer Organisation ausgestaltet sind, sind kein Selbstzweck. Für die Organisation sind sie Mittel, um Wertschöpfung und Zielerreichung sicherzustellen. Denn wenn Arbeitsteilung herrscht, dann kann nicht jeder machen, was er will, sondern er sollte die Dinge gut tun, die auf seinem Platz getan werden müssen.

Rollen sind also die Form bzw. das „Vehikel", in dem sich die Vielzahl der Verhaltenserwartungen, die in der Organisation an eine Person und Position gerichtet werden, abbildet. Denn nahezu jeder hat Vorstellungen davon, was ein Geschäftsführer, Vorstand, Bereichsleiter, Abteilungsleiter oder Aufsichtsratsvorsitzender zu tun, zu erfüllen und beizusteuern hat, damit das Unternehmensergebnis stimmt. Leider sind diese Rollen nicht eindeutig definierbar, sondern immer das Ergebnis eines Aushandlungsprozesses mit vielen Stakeholdern, die alle ihre eigenen Interessen haben.

Aber wichtig ist: Wer die eigene berufliche Rolle nicht klärt, der wird sein gesamtes Potenzial nicht nutzen können. Denn nur wer die unterschiedlichen Erwartungen kennt, sie aktiv „managt" und bewusst in seine Kommunikation einbaut, wird seine Themen platzieren und wirksam führen können.

► Für Führungsteams sind klare Rollen die notwendige Bedingung, um wirksam zu sein. Denn nur auf der Basis des Bewusstseins für die Rolle jedes Einzelnen kann ein wirksamer Teamentwicklungsprozess entstehen.

Oder: Erst wenn ich mir über meine berufliche Rolle klar bin, kann ich mit den anderen sinnvoll über die Kooperation im Führungsteam sprechen …

Ihre berufliche Rolle klären Sie am besten in einem vierstufigen, gesprächsbasierten Verfahren.

1.3.1 Stufe 1: Bestimmung der relevanten Stakeholder

Jeder, der Erwartungen, Ansprüche oder Wünsche an die Rolle hat, wird in das Verfahren der beruflichen Rollenklärung integriert. In der Grundformation sind dies eigentlich immer:

- der Rolleninhaber, d. h. Sie selbst
- das Gremium (z. B. Aufsichtsrat, Beirat), die Eigentümer oder die obere Führungskraft, an die berichtet wird
- die Mitarbeiter, die an mich in meiner Rolle berichten
- die Kollegen (Peers), die mit meiner Rolle formell und informell zu tun haben
- die (internen und externen) Kunden
- das private Umfeld (Partner/in, Familie, Freunde)

In manchen Fällen kommen noch weitere Stakeholder hinzu, die sich aus dem spezifischen Umfeld der Rolle (z. B. Aufsichts- oder Genehmigungsbehörden) oder der Art der Organisation (z. B. Familienmitglieder, Aktionäre, Gesellschafter) ergeben.

1.3.2 Stufe 2: Das Erwartungsgefüge ermitteln

Um mehr Klarheit über die Erwartungen an Ihre berufliche Rolle zu erhalten, tragen Sie die Antworten aller Mitspieler auf drei zentrale Leitfragen zusammen:

a. Was erwartet/erwarten ______ (*hier ist der jeweilige Stakeholder einzusetzen*) von ______ (*hier setzen Sie Ihre berufliche Rolle ein*)?
z. B.: Was erwartet der CFO vom Beteiligungscontrolling?
b. Welche typischen Fragen stellt __________ (*hier ist der jeweilige Stakeholder einzusetzen*) an _______(*hier setzen Sie Ihre berufliche Rolle ein)*
z. B.: Welche typischen Fragen stellt der Bereichsleiter Produktion der Leitung des Qualitätswesens?
c. Was darf __________(*hier setzen Sie Ihre berufliche Rolle ein*) aus Sicht von _______________ (*hier ist der jeweilige Stakeholder einzusetzen*) nicht tun?
z. B.: Was darf ein Geschäftsführer aus Sicht des Beiratsvorsitzenden nicht tun?

In der Regel können Sie diese Fragen selbst beantworten, wenn Sie sich an typische Situationen zurückerinnern und zusätzlich noch einen Blick in Geschäftsordnung, Stellenbeschreibung, Aufgabenprofil oder Zielvereinbarung werfen. Aber Vorsicht! Die Stellenbeschreibung allein, ob im Arbeitsvertrag oder im Organisationshandbuch nachzulesen, gibt keine ausreichende Information über Ihre berufliche Rolle. Denn Stellenbeschreibungen sind allgemein gehaltene Beschreibungen der Tätigkeit, die nicht nach den verschiedenen Stakeholdern unterscheiden. Unklare oder widersprüchliche Erwartungen (und gerade die gilt es ja zu klären) werden Sie in diesen Papieren eigentlich nie finden.

Ansonsten sind die o. g. Leitfragen auch Anlass und Gelegenheit zu erkennen, mit welchen Stakeholdern Sie noch einmal in einen Dialog gehen sollten, um deren Erwartungen an Ihre berufliche Rolle explizit zu erfahren.

Lassen Sie sich durch den vermuteten Kommunikationsaufwand nicht verschrecken, erstens ist er meist nicht so groß und zweitens lohnt er sich!

1.3.3 Stufe 3: Die Rollenübernahme entscheiden

Nach Abschluss der Stufe 2 liegt Ihnen eine Vielzahl von Rollenerwartungen vor, die teilweise ähnlich, gleichgerichtet, aber auch unterschiedlich und entgegengesetzt sein können.

Nun kommt es auf Ihre Entscheidung an:

- Welche der Erwartungen wollen Sie übernehmen und als Bestandteil Ihrer beruflichen Rolle festlegen?
- Welche der Erwartungen werden Sie nicht übernehmen und welche Konsequenzen wird das vermutlich haben?

In Stufe 3 kommen also Ihre ganz persönlichen Vorstellungen über die berufliche Rolle ins Spiel. Nun müssen Sie sich „tiefgehenden" Fragen stellen wie:

- Was kann ich gut und bei welchen Aufgaben bin ich unsicher?
- Welche Verantwortung strebe ich an, welches Thema ist tabu?
- Was treibt mich an, die Rolle auszufüllen?
- Welche Werte sind mir bei der Arbeit wichtig?
- Über welchen Verhaltenskodex lasse ich nicht mit mir reden und welches Verhalten würde ich mir aneignen bzw. verändern wollen?

Die Abb. 1.3 zeigt, dass die Rollenübernahme das Ergebnis eines Abgleiches der Stakeholder-Erwartungen (links) mit den eigenen Vorstellungen von der Rolle (rechts) ist. In der Regel wird sich ein großer Bereich der Überlappung ergeben, weil sich die Inhalte der beiden Bereiche decken. Sollte das nicht so sein, stellt sich die Frage, ob Sie diese Rolle überhaupt ausfüllen sollten. Der überlappende Bereich ist grau dargestellt und zeigt den Teil der beruflichen Rolle, in dem die Erwartungen der Stakeholder und Ihre eigenen Vorstellungen zusammenfallen.

Auf der linken Seite wird ein schraffierter Bereich sichtbar, in dem die Stakeholder Erwartungen liegen, die zwar nicht mit Ihren eige-

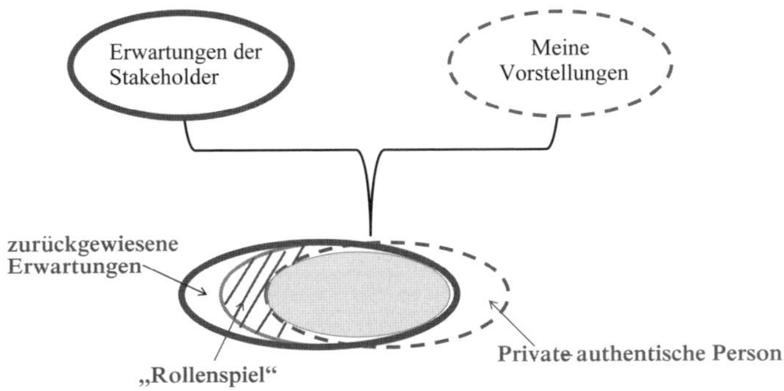

Abb. 1.3 Rollenübernahme

nen Vorstellungen übereinstimmen, die Sie aber trotzdem übernehmen. Das sind die Dinge, die Führungskräfte tun, weil „sie zum Job gehören" und sie sich in ihrer Rolle professionell verhalten. Hier wird die Analogie des Begriffes Rolle greifbar: Ähnlich wie bei glaubwürdigen Schauspielern, gehört ein gewisses „Rollenspiel" zu einer wirksamen Führungskraft. Es gehört zur Führungsrolle, die Arbeit unter den kritischen Augen der Mitarbeiter, Kollegen, Kunden, Lieferanten (der Stakeholder) „über die Bühne zu bringen". Dazu gehören ein zur Rolle Führungskraft passender Text und Verhalten. Als Führungskraft erfolgreich zu sein bedeutet also, in manchen Bereichen nicht aus der Rolle zu fallen!

Noch etwas weiter links vom schraffierten Bereich liegt der kleinere Bereich der „zurückgewiesenen Erwartungen", d. h., hier sind die Stakeholder-Wünsche verortet, die Sie nicht erfüllen wollen und werden. Dies sind meist die Dinge, die Ihnen „zu weit gehen" und mit Ihnen „nicht zu machen sind". Denn jedes Rollenspiel hat selbstverständlich persönliche Grenzen, die z. B. aus Ihren ethischen Vorstellungen stammen, wenn Sie bestimmte Produkte (z. B. Waffen, gentechnisch veränderte Lebensmittel etc.) nicht produzieren/vertreiben oder in gewissen Branchen nicht tätig sein wollen.

Auf der rechten Seite befindet sich der von einer gestrichelten Line gekennzeichnete Bereich der „privaten – authentischen Person". Hier finden Sie Ihre Werte, Normen, Erwartungen und Wünsche, die Sie nicht innerhalb Ihrer Führungsrolle umsetzen bzw. „leben" können. Denn die berufliche Rolle erfüllt nicht die ganze Person. In diesem „privaten" Bereich leben Sie fern von den Erwartungen der meisten Stakeholder, ein professionelles Rollenspiel ist nicht nötig, Sie werden sich „vollkommen authentisch" verhalten.

Achten Sie bei Ihrer Rollenübernahme unbedingt darauf, dass der Bereich der „privaten – authentischen Person" groß genug bleibt und nicht von Ihrer beruflichen Rolle aufgesaugt wird. Gelingt dies nämlich nicht, macht sich die Authentizität in Ihrer beruflichen Rolle „breit". Sich im Job vollkommen authentisch zu verhalten, ist aber nicht ohne Risiko. Niermeyer (2008) zufolge macht eine vollkommene Authentizität beruflich sogar erfolglos, denn

> Authentizität wird im Job nicht belohnt, Echtheit ist nicht immer professionell – jedenfalls dann nicht, wenn man darunter auch die Preisgabe persönlicher Schwächen, Marotten oder Unsicherheiten versteht. Wer seine Rolle nicht mehr glaubwürdig ausfüllt, wird abgestraft – oder sein Unternehmen. [...] Sein, wie man ist, ist ein riskantes Erfolgsrezept.

Seien Sie also auf der Hut vor den Heilsversprechen der Authentizitätsprediger! Führungskräfte, die nur authentisch führen und die Erwartungen der Stakeholder nicht klären, handeln unprofessionell. Es kommt darauf an, in der richtigen Dosis authentisch zu sein und genau den Grad an Individualität zu zeigen, der vom Publikum auch verstanden werden kann.

> Wer uns die richtigen Indizien liefert, wer uns ein (in unseren Augen) stimmiges Bild von sich liefert – kurz: wer seine Rolle glaubhaft spielt, den halten wir für authentisch

schreibt Niermeyer daher Führungskräften ins Stammbuch (Niermeyer 2008).

So ergibt sich ein wirksames Bild Ihrer beruflichen Rolle, das die Mehrzahl der relevanten Stakeholder-Erwartungen integriert und von Ihnen bewusst übernommen wird. Sie haben sich entschieden: Diese Verantwortung werden Sie übernehmen, diese Aufgaben erfüllen, diese Befugnisse ausüben und diese Berichts- und Entscheidungswege einhalten! Gleichzeitig entscheiden Sie bewusst, welche Erwartungen „außen vor“ bleiben und wo die private – authentische Person ihren Platz hat.

1.3.4 Stufe 4: Die Kommunikation planen

Nachdem nun für Sie „Klarheit herrscht“, müssen Sie Ihr berufliches Umfeld informieren. Es sind mir schon Führungskräfte begegnet, die auf dem Standpunkt standen, dass Veränderungen in ihrem Rollen-Verhalten von der Umwelt schon bemerkt würden und daher eine aktive Kommunikation der Ergebnisse aus Stufe 3 nicht nötig sei.

Die Erfahrung zeigt, dass das Ergebnis aus Stufe 3 nicht nebenbei oder mittels „learning by doing“ vermittelt werden sollte, weil dies zu viele Irritationen auslöst. Vermeiden Sie diese Irritationen, die immer Energie raubend sind, und kommunizieren Sie Ihr Bild von Ihrer beruflichen Rolle besser aktiv und absichtsvoll:

- Welche Rollenveränderungen sind entstanden, die Sie bestimmten oder allen Stakeholdern aktiv kommunizieren wollen?
- Welche Rollenerwartungen haben Sie nicht übernommen und wollen dies demjenigen, der diese Erwartung hat, auch aktiv mitteilen?

Eine aktive Kommunikation ist auf jeden Fall notwendig, wenn Sie Ihr Verhalten aufgrund der nun erlangten Rollenklarheit spürbar verändern, also z. B.

- wenn Sie entschieden haben, künftig monatliche Feedbackgespräche mit Ihren Mitarbeitern zu führen,
- wenn Sie in Zukunft an der Managementrunde XYZ nicht mehr teilnehmen oder
- wenn Sie in Zukunft die Prozessanweisung 4711 im Teil XY nicht mehr anwenden werden,

ist es wichtig, dies den betreffenden Stakeholdern anzukündigen.

Es ist gut, wenn Sie Ihre Notizen aus Stufe 2 jetzt noch einmal durchgehen und explizit entscheiden, wen Sie über welches Ergebnis Ihrer Rollenübernahme informieren wollen oder müssen. Planen Sie dabei auch den Kommunikationskanal (schriftlich oder mündlich), den Anlass (reguläres Meeting, „Sondersitzung", „am Rande eines Treffens" oder im persönlichen Gespräch) und den Zeitpunkt. Erst dann haben Sie Ihre Rollenklärung erfolgreich abgeschlossen.

► Bewusste Rollenklärung erfolgt am besten in drei Stufen. Das Ergebnis schafft Klarheit über die Rollenerwartungen, die Sie erfüllen wollen, erfüllen müssen und darüber, an welcher Stelle Ihre Authentizität an professionelle Grenzen stößt.

1.4 Die Grundlage eines Führungsteams: Gemeinsamkeiten und Unterschiede

Nachdem durch die individuelle berufliche Rollenklärung die Basis für das Führungsteam gelegt worden ist, können die einzelnen Team-Mitglieder nun die Aushandlung beginnen, die am Beginn jedes Teamprozesses steht.

Es liegt in der Natur der Sache: Wenn sich Führungskräfte zu einem Führungsteam zusammenfinden wollen, ist das nicht reibungsfrei. Jedes potenzielle Mitglied hat Interessen, die es gewahrt oder durchgesetzt haben möchte, wie z. B.

- klare Vorstellungen, wie (unangenehme) Aufgaben erledigt werden müssen.
- Verantwortungsbereiche, an denen es andere beteiligen möchte oder in die es sich auch nicht „hineinreden lassen" will.
- Themen, die es als Top-Priorität oder Tabu behandelt haben möchte.

- Pläne für die Entwicklung des Bereiches, Standortes, Unternehmens.
- Vorstellungen über die eigene Macht- und Einflusssphäre und welche Macht und welchen Einfluss die anderen haben sollen.
- Vorstellungen, wie Kooperation im Führungsteam „zu laufen hat".

Diese persönlichen Interessen gilt es nun so miteinander zu verhandeln, dass daraus keine Stolpersteine, Hindernisse oder gar unlösbaren Konflikte werden. Die in den folgenden Kapiteln dieses Buches vorgestellten Schritte hin zum Führungsteam begleiten Sie durch diesen Aushandlungsprozess.

Gemeinsamkeiten und Unterschiede in den Interessen sind dabei der Ausgangspunkt der Führungsteamentwicklung. Seit Kurt Lewin (1963) seine Ideen zur Feldtheorie veröffentlichte, ist das Verständnis einer Teamentwicklung als Prozess, der um die beiden Pole gemeinsam und unterschiedlich pendelt, Allgemeingut. Wenn Sie sich auf den Weg zum Führungsteam machen, werden Sie immer die zwei Kräfte erleben, die ich in Abb. 1.4 dargestellt habe. Zum einen entsteht bei jeder Gruppenbildung ein Wunsch nach Zusammenhalt durch Integration aller Mitglieder. In dieser Phase werden die Gemeinsamkeiten und die Dinge, die man ähnlich einschätzt bzw. erlebt hat, betont. So entsteht das notwendige Zusammengehörigkeitsgefühl, das ein Führungsteam am Anfang seiner Entwicklung braucht.

Gleichzeitig gibt es den Wunsch nach Individualität und dem Schutz meiner Interessen. Um also nicht im harmonischen Gruppenkonsens unsichtbar zu werden, setzt eine Differenzierung ein. Unterschiede können sichtbar, Spannungen ausgehalten und Konflikte produktiv bearbeitet werden.

Beide Pole sind für ein funktionierendes Führungsteam wichtig.

Denn Führungskräfte, die sich nur um Integration kümmern, erzeugen eine unproduktive Situation. Diese Gruppe wird nie zum Führungsteam, weil sie in der Überbetonung der Gemeinsamkeiten steckenbleibt und den Interessenaushandlungsprozess nie wirklich

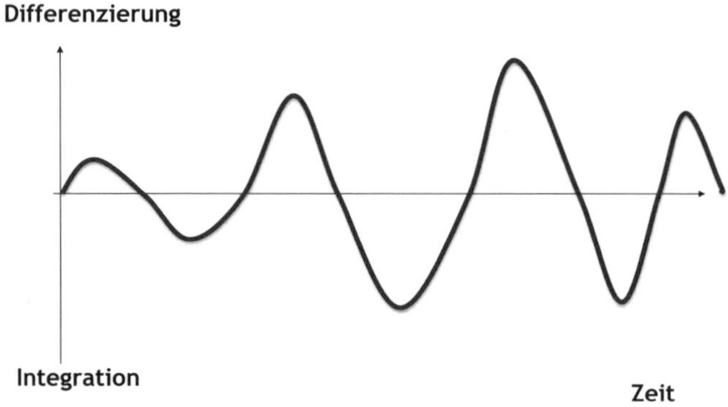

Abb. 1.4 Wie Gruppen sich entwickeln

beginnt. Auf der anderen Seite scheitern Führungskräfte, die nur ihre Unterschiede in den Vordergrund stellen, durch eine übertriebene Differenzierung genauso. Diese Gruppe vergisst ihre grundlegenden Gemeinsamkeiten und verliert damit die Basis der Kooperation. Das Projekt „Führungsteam" wird abgebrochen und jede Führungskraft geht wieder ihren einsamen Heldenweg.

▶ Ein Führungsteam entwickelt sich nur dann, wenn Gemeinsamkeiten und Unterschiede gleichermaßen thematisiert werden. Die Entwicklung vollzieht sich in Phasen, wobei einmal die Gemeinsamkeiten und ein anderes Mal die Unterschiede stärker betont werden.

Ein Blick auf das Phasenmodell der Führungsteamentwicklung klärt auch ein typisches Missverständnis: Führungsteams müssten ein Club von „Gleichen", d. h. ohne Macht- und Einflussdifferenz sein, hört man da häufig. Das Gegenteil der Fall!

Führungsteams, die Levins Phasen durchlaufen, entdecken Gemeinsamkeiten, die eine belastbare Basis für ihre Kooperation bilden. Macht- und Einflussdifferenzen, die sich typischerweise durch die Position eines Sprechers der Geschäftsführung, CEOs oder Standortleiters in vielen Führungsteams auch formell zeigen, werden als sinnvoller und produktiver Unterschied begrüßt. Wie dies gut gelingt, erfahren Sie detailliert in Kapitel drei.

Um die Führungsteamentwicklung gut zu beginnen, brauchen Sie am Anfang also eine detaillierte und klare Diagnose der Gemeinsamkeiten und Unterschiede im Führungsteam. Die zentrale Quelle dafür ist natürlich das Ergebnis der beruflichen Rollenklärung, das jedes Team-Mitglied am Beginn des Prozesses den Kollegen offenlegen sollte. Es wird ergänzt durch die gegenseitige Präsentation von Zukunftsentwürfen. Aus diesem „Team-Material" lässt sich dann eine Übersicht über die Gemeinsamkeiten und Unterschiede fertigen.

Dies gelingt gut in einem Workshop, der folgende Themen behandelt:

1. **Das bin ich:** Vorstellung meiner beruflichen Rolle und Abgleich mit den Vorstellungen der Kollegen.
2. **Das will ich:** Jedes Team-Mitglied entwirft sein Bild von der Zukunft der Organisation und skizziert, wie dies umzusetzen ist.
3. **Das sind wir:** Aus den Informationen des Tages wird eine Übersicht der Gemeinsamkeiten und Unterschiede erstellt, die die Grundlage für den weiteren Prozess ist.
4. **Das bewegen wir:** Aus der Gruppe der Gemeinsamkeiten werden ein bis zwei Initiativen identifiziert, die rasch und mit hoher Erfolgswahrscheinlichkeit umzusetzen sind. Für diese Initiativen wird ein gemeinsamer Aktionsplan verabschiedet.

In manchen Situationen kann es sinnvoll sein, die Entdeckung der Gemeinsamkeiten und Unterschiede in Schritt 3 (Das sind wir) durch ein Diagnosewerkzeug zu unterstützen. Dies ist z. B. sinnvoll, wenn sich die Mitglieder des Führungsteams nur wenig oder auch sehr lange kennen. Aus der Vielzahl der am Markt befindlichen Tools habe ich drei ausgewählt, mit denen ich gute Erfahrungen bei der Unterstützung von Führungsteams gemacht habe.

TeamPuls 2.0 (www.teampuls.de) ist ein Messverfahren zur Teamdiagnose. Die komplette Durchführung kann einfach und effizient über das Internet erfolgen, aber auch eine Papiervariante ist möglich. Das Verfahren basiert auf einem Fragebogen mit 56 Items, die sich auf die Leistungsfähigkeit von Teams beziehen. Der Fragebogen kann um zehn teamtypbezogene Aussagen ergänzt werden, welche die spezifischen Anforderungen eines Führungsteams erfassen. Darüber hinaus sind organisationsbezogene Anpassungen möglich. Das sich ergebende Teamprofil wird in einem ausführlichen, graphisch gut aufbereiteten Auswertungsbericht dargestellt, der die Gemeinsamkeiten und Unterschiedlichkeit der Antworten explizit darstellt.

Auf die unterschiedliche Art, wie Personen die Welt wahrnehmen und Entscheidungen treffen, stellt der **Golden Profiler of Personality** (GPOP) (www.gpop.de) bzw. der Myers-Briggs-Typenindikator (MBTI) ab. Beide bieten eine Möglichkeit, diese unterschiedlichen Präferenzmuster aufzudecken und zu verstehen. Das GPOP-Verfahren basiert auf einem Fragebogen mit 116 Items, der über das Internet beantwortet wird. Das sich ergebende Präferenzprofil einer Person wird in einem ausführlichen, graphisch gut aufbereiteten Auswertungsbericht dargestellt. Trägt man alle Auswertungsberichte in einem Workshop zusammen, wird ein Teamprofil erstellt, das die spezifischen Präferenz- Gemeinsamkeiten und -Unterschiede sichtbar macht.

Das **Teamkulturmodell nach Riemann** stellt auf zwei typische Grundbestrebungen der persönlichen Entwicklung ab: dem Streben nach Nähe oder Distanz und dem Streben nach Dauer oder Wechsel/Veränderung. Jede Persönlichkeit gewinnt ihr eigenes Profil dadurch, dass eine der Grundbestrebungen besonders ausgeprägt, eine andere vielleicht unterrepräsentiert ist. Das Verfahren basiert auf einem Papierfragebogen mit 40 Items. Die Antworten werden in einem Workshop zusammengetragen und graphisch aufbereitet (sog. Riemann-Kreuz). Die Unterschiede und Gemeinsamkeiten in den jeweiligen persönlichen Ausprägungen werden so deutlich.

Tabelle 1.1 zeigt die drei Diagnosewerkzeuge in der Übersicht.

Tab. 1.1 Bewährte Diagnosewerkzeuge

	TeamPuls 2.0	GPOP	Teamkulturmodell nach Riemann
Durchführung	Kann vom Team allein durchgeführt werden. Externe Beratung ist hilfreich	Nur in Zusammenarbeit mit zertifizierten Beratern	Kann vom Team allein durchgeführt werden. Externe Beratung ist sinnvoll
Thema Führungsteam	Kann speziell auf Führungsteams zugeschnitten werden	Berücksichtigt in der Auswertung auch Führungsthemen	Allgemeines Teamkulturmodell, das nicht speziell auf Führungsteams abstellt
Dauer	Fragebogen: 15 min	Fragebogen: 20 min	Fragebogen: 10 min
	Auswertungsworkshop: 0,5–1 Tag	Auswertungsworkshop: 0,5–1 Tag	Auswertungsworkshop: 0,5 Tage
Nutzen	Die differenzierte Auswertung nach den sieben Leistungsfaktoren: • Ziel- und Leistungsorientierung, • Engagement und Verantwortung, • Kommunikation im Team, • Teamführung, • Teamorganisation, • Organisatorische Einbettung und	Die Rückmeldung in den sechs Bereichen: • Beitrag zur Organisation, • bevorzugter Führungsstil, • bevorzugter Kommunikationsstil, • motivierende/demotivierende Faktoren, • Beitrag im Team und • persönlicher Lernstil	Die Auswertung ist einfach und sehr eingängig. Durch die graphische Darstellung der Teamkultur (innovationsorientiert vs. verfahrensorientiert und ergebnisorientiert vs. beziehungsorientiert) in nur zwei

Tab. 1.1 (Fortsetzung)

	TeamPuls 2.0	GPOP	Teamkulturmodell nach Riemann
	• arbeitsbezogene Lernaktivitäten ist durch die Verwendung von „Managementsprache“ eingängig und praxisnah. Berücksichtigt Macht- und Einflussdifferenzen im Team.	ist gut verständlich und eröffnet Varianten der persönlichen Entwicklung. Das Teamprofil ermöglicht einen klaren Blick, „wie das Team tickt“.	Dimensionen ist ein rascher Blick auf die wesentlichen Merkmale der Teamkultur möglich.
Einschränkungen	Für Teams, die gleichberechtigt aufgestellt sind, d. h. in denen es keinen Sprecher gibt, nicht gut geeignet.	Da der GPOP/MBTI auf persönliche Präferenzmuster abstellt, ist er vor allem ein Impuls für die persönliche Entwicklung. Die Übertragung der Ergebnisse auf den Teamkontext geschieht erst in einem Auswertungsworkshop.	Weil nur zwei Dimensionen betrachtet werden, ist das Ergebnis nicht mehr als ein Einstieg.

Literatur

Bennis, W. G., Nanus, B.: Leaders: The Strategies for Taking Charge. New York (1985)

Lewin, K.: Feldtheorie in den Sozialwissenschaften. Verlag Hans Huber, Bern (1963)

Niermeyer, R.: Mythos Authentizität. Campus Verlag, Frankfurt a. M. (2008)

Spiegel: http://www.spiegel.de/wirtschaft/unternehmen/energiewende-atom-konzern-areva-streicht-bis-zu-1500-jobs-in-deutschland-a-803555.html (2011). Zugegriffen: 15. Nov. 2013

Tagesspiegel: http://www.tagesspiegel.de/wirtschaft/rwe-im-tal-der-traenen-energiewende-kostet-6750-stellen/9078284.html (2013). Zugegriffen: 15. Nov. 2013

2 Die Kraft der Gruppe nutzen: Planen und entscheiden unter Unsicherheit

Zusammenfassung

In einer Welt, die durch Komplexität, Vernetzung und zunehmende Trendbrüche gekennzeichnet ist, beherzigen erfolgreiche Führungsteams zwei Dinge: Sie leben ein neues Verständnis von Planung und nutzen die Kraft der Unterschiede und der Dynamik in Team. Wirksame Führungsteams ersetzen die traditionelle starre Planung durch die Offenheit mehrerer sinnvoller Alternativen. Dies bringt sie dazu, immer in konkreten Szenarien zu denken, um an Ende unentscheidbare Entscheidungen treffen zu können. Denn starre Pläne stur abarbeiten könnten auch Maschinen.

Durch die Bündelung von Kontextwissen, Erfahrung und den Umgang mit Unsicherheit ist ein funktionierendes Führungsteam einer Einzelperson in den Bereichen flexible Planung und unentscheidbare Entscheidungen überlegen. Diese Entscheidungen gelingen, wenn das Führungsteam in einen FORDEC-Prozess gut mit der unsicheren Situation umgeht, bewusst eine Entscheidungsregel nutzt und darüber nicht vergisst, ebenso auf den Bauch zu hören wie auf Zahlen, Daten und Fakten.

Pläne für die zukünftige Geschäftstätigkeit zu machen und zentrale Entscheidungen zu treffen, sind die wichtigsten Aufgaben, denen sich Führungskräfte stellen müssen. Dies begründet ja gerade ihren Status und ihre Rolle. Da die Zukunft aber naturgemäß ungewiss ist und heutige Führungssituationen eine deutlich erhöhte Komplexität

O. Hinz, *Das Führungsteam*, DOI 10.1007/978-3-658-03891-5_2,

als früher aufweisen, stehen Führungskräfte damit vor einer Aufgabe, die wohl kaum exakt, vollkommen und richtig zu erfüllen ist. Da ist es gut, wenn sie nicht allein sind, sondern die Kraft der Gruppe nutzen.

2.1 Der Mythos vom richtigen Planen

Eine solide Planung war gestern hilfreich und wird auch morgen sinnvoll sein. Was sich aber ändern muss, ist das Verständnis von Planung! Tatsächlich geht es immer noch zu wie auf einem Rummelplatz in den 50er Jahren; dort gab es noch die sog. Wahrsager, die einem die Zukunft wiesen. Was damals ein Gag war, weil die Vorhersagen natürlich von niemandem ernst genommen wurden, wird heutzutage von Führungskräften immer noch verlangt: eine Planung, die auch genauso eintrifft; Planwirtschaft eben!

Das traditionelle Modell der planwirtschaftlichen Unternehmenslenkung setzt auf einen vertikalen Prozess, in dem die Planungsergebnisse hierarchisch zusammengetragen und nach oben immer weiter verdichtet bzw. nach unten immer detaillierter werden. Wer in diesem Prozess gute Vorhersagen trifft und seine Ziele erreicht bzw. übertrifft, erntet den Applaus des Publikums auf dem Rummelplatz; echte Planungshelden eben.

Planungshelden, deren Ziel es ist, die Zukunft des Unternehmens für die nächste Planungsperiode richtig einzuschätzen und diese prognostizierte Zukunft dann auch exakt zu erreichen, greifen nach den Sternen. Realistische Führungsteams bleiben dagegen auf dem Boden, um erfolgreich zu sein.

► In einer Welt, die durch Komplexität, Vernetzung und zunehmende Trendbrüche gekennzeichnet ist, beherzigen erfolgreiche Führungsteams zwei Dinge. Sie leben ein neues Verständnis von Planung und nutzen die Kraft der Unterschiede und der Dynamik in Team.

2.1.1 Ein neues Verständnis von Planung

Führung kann sich heute nicht mehr auf die Sicherheit von Ereignissen bzw. die Stabilität von Trends verlassen. Unerwartetes begegnet uns überall, seien es besondere Vorfälle oder auch nur die Veränderung eines Kundenwunsches im laufenden Tagesgeschäft.

So haben die wenigsten von uns sich vorstellen können, in welchem Ausmaß ihre mobile und elektronische Kommunikation von „befreundeten" Geheimdiensten mitgeschnitten und ausgewertet wird. Das Thema der Verschlüsselung der E-Mail und mobilen Kommunikation steht seitdem ganz oben auf der Prioritätenliste. Ähnlich unerwartet waren die Katastrophe im japanischen Kernkraftwerk Fukushima und die politische Reaktion darauf in Form des Ausstiegs aus der Kernkraft in Deutschland.

Die typische Reaktion von Unternehmenslenkern, nachdem sie von einem unerwarteten Ereignis „kalt" erwischt wurden, ist ein erhöhter Planungsaktionismus (mehr Pläne, detailliertere Pläne, langfristige Pläne), um die bisher unsicheren Elemente besser zu kontrollieren. Dies führt zu den bekannten vier Schritten der sog. „strategischen Planung", die sich dann alljährlich wiederholen:

1. der Versuch, die Zukunft vorherzusagen (zu planen),
2. diese Vorhersage durch Ziele und Zielvereinbarungen Wirklichkeit werden zu lassen,
3. das Erreichen dieser Ziele und Zielvereinbarungen zu kontrollieren, um dann
4. die Erfüllung des Planes und Zielerreichung zu belohnen oder zu sanktionieren.

Dieser Planungsaktionismus, der sich in Prozessen der mittelfristigen Planung, der Jahresplanung und der Quartalsvorschau zeigt, löst das zentrale Problem aber nicht: Die Zukunft ist ungewiss!

Die Praxis zeigt, dass sich Führungskräfte, die erfolgreich mit Ungewissheit umgehen, von bisherigen Planungsmethoden lösen.

Denn das traditionelle Planverständnis beinhaltet erhebliche Probleme (Pfläging 2008):

- Pläne sind politisch, d. h., die von der Planung betroffenen Personen melden keine „realistischen", sondern von Taktik und Wunschdenken geprägte Daten. Sie führen darüber hinaus oft zu Manipulation in den Prognosen oder „Buchhaltungstricks" bei der Zielerreichung. Typisches Beispiel dafür, dass die Planung nur noch zur Farce wird, sind Ziele, die bei ihrer Vereinbarung schon erfüllt und damit die Prämien schon sicher sind.
- Die Planwirtschaft der alljährlich stattfindenden „strategischen Planungsprozesse" ist extrem zeitaufwendig und involviert viele Ressourcen, die dann nicht der Produktentstehung oder dem Markt zur Verfügung stehen. Der traditionelle Planungsprozess hält von der eigentlichen Arbeit ab!
- Pläne machen blind für den Kontext und die Veränderung der Unternehmensumwelt, wenn Mitarbeiter nur dem Anreiz der Zielvereinbarung und „stur" dem vorgezeichneten Weg folgen. So gibt es keine Chance, auf Veränderungen rasch und wirksam zu reagieren.
- Im Tagesgeschäft befördert planwirtschaftliches Denken die Suche nach Schuldigen für Abweichungen und deren Rechtfertigung. Diese Suche ist unproduktiver Zeitvertreib.
- Die allseits bekannte Jahresendrallye, d. h. das Verheizen von ungenutzten Ressourcen, damit das Budget im Folgejahr nicht gekürzt wird, verschwendet Ressourcen und demotiviert ökonomisch denkende Mitarbeiter, Teams und Führungskräfte.

► Das traditionelle Planungsverständnis gleicht einer Planwirtschaft und drangsaliert jeden strategisch denkenden und wirtschaftlich handelnden Mitarbeiter. Im Versuch die Kontrollillusion der Managementtechniker durchzusetzen, wird die Kreativität und Energie der Mannschaft im Maschinenraum der Instrumentenebene gefangen genommen, statt sie auf das Denken in Alternativen auszurichten.

Die Zukunft liegt im flexiblen Agieren auf der Grundlage einer soliden Planung. Das ist kein Widerspruch, sondern gerade die Kunst eines wirksamen Führungsteams.

Pläne sind dazu da, Orientierung zu geben. Sie stecken den Korridor ab, in dem das Unternehmen in der nächsten Phase mit hoher Wahrscheinlichkeit tätig sein wird. Diese Pläne geben den Managern und Führungskräften die notwendige Orientierung, um auch unter unsicheren Rahmenbedingungen handlungsfähig zu sein.

Diese Pläne sind greifbar und beschreiben konkrete Handlungsabsichten. Sie sind aber nicht in allen ihren Einzelheiten unantastbar: Das es einen Plan gibt und dass für den Fall einer Planänderung ein verbindlicher Prozess existiert, wie diese Änderung berücksichtigt wird – das ist unantastbar, nicht die Planzahlen selbst. Oder anders gesagt: In unsicheren Zeiten ist wichtig, dass es verbindliche Prozesse der Planung gibt, die Pläne selbst werden sich häufig ändern. Pläne erhalten also eine neue Funktion.

> Sie werden nicht so sehr erarbeitet, um sie umzusetzen, sondern vielmehr, damit man sie diskutieren, zu ihnen Position beziehen und sich gegenseitig aussprechen kann. Kurz gesagt, sie dienen dazu, die Debatte zu organisieren. An die Stelle der roadmap- Philosophie: Plane intensiv und setzte dann zügig um – tritt iteratives Führen: Handle (experimentiere) zügig, beobachte Muster (bei Dir und anderen), kommuniziere und korrigiere diese Muster, lerne zu reagieren und gehe dann weiterhin kleine Schritte. (Wippermann 2012)

Führung bei Unsicherheit bedeutet also nicht, dass sie ohne Pläne auskommt. Im Gegenteil: Erst eine gute Planung versetzt Sie in die Lage, Unvorhergesehenes zu managen. Denn Pläne (Strohschneider, von der Weth, 2002)

- ermöglichen die bewusste Koordination der Handlungen mehrerer Personen, Gruppen oder Organisationen.

- verpflichten mehrere Personen, Gruppen oder Organisationen zu verlässlichem (planvollem) Handeln, weil sie sich darauf vertrauen (müssen), dass andere ihre Pläne auch einhalten.
- machen Prozesse und Handlungsmuster transparent und ermöglichen so, dass die Organisation aus Fehlern bzw. „Best Practices" lernen kann.
- reduzieren die individuelle Unsicherheit, wenn wir der Durchführung des Planes vertrauen und uns dadurch als handlungsfähig und wirksam erleben.
- sind Ausgangs- und Fixpunkt von Veränderungen und Anpassungen, die angesichts der Umweltdynamik jeden noch so guten Plan „trifft".

Eine flexible Planung ist also notwendig, um eine Veränderung überhaupt zu beurteilen und nicht der Beliebigkeit anheimfallen zu lassen. Auch im schwersten Sturm wird ein Kapitän die Steuerung und den Betrieb seines Schiffes nicht dem freien Spiel der Kräfte überlassen, denn sonst droht Chaos und – wenn die Mannschaft emotional aufgeladen ist – vielleicht sogar Anarchie. Er wird sein Unternehmensschiff deshalb immer genau in der Mitte der Fahrrinne zwischen unverrückbaren Plänen und kontextloser Beliebigkeit halten.

Ein Beispiel aus einem Handelsunternehmen soll dies verdeutlichen. Der jährliche Planungsprozess dauert von September bis Januar. Die einzelnen Produktbereiche planen ihre Einkaufs- und Verkaufsvorhaben in drei Szenarien: maximaler Margenertrag, normaler Margenertrag und denkbar schlechtester Ertrag. So spannt sich ein Korridor der Erwartungen für das nächste Jahr auf.

Das Unternehmen hat sich ferner einen verbindlichen und klar beschriebenen Prozess der unterjährigen Planrevision gegeben. Sollten also neue Zahlen, Daten und Fakten auftreten, ist jedem Planungsverantwortlichen klar, wie diese Veränderung in den verabschiedeten Plankorridor eingearbeitet und als Planveränderung entscheiden wird. Das Unternehmen hat so die strukturellen Voraussetzungen für Führung bei Unsicherheit geschaffen.

Damit sich dies im Verhalten der Führungskräfte widerspiegelt, ist auch der Prozess des Führens mit Zielen dem Umgang mit Ungeplantem verschrieben. Im Gegensatz zu vielen anderen Unternehmen werden die individuellen Zielvereinbarungen nicht auf die konkreten Planzahlen des Korridors bezogen, sondern auf ein Prozessziel: die Einhaltung des Vorgehens zur unterjährigen Planrevision. So soll sichergestellt werden, dass Änderungen in allen Managementbereichen auch in den Korridor eingeplant werden. Das Unternehmen belohnt also nicht die Erreichung einer einmal geplanten Zahl, sondern das angemessene Reagieren seiner Mitarbeiter auf Unerwartetes, Ungeplantes und Neues.

Der folgende Fragebogen hilft ihnen dabei, sich einzuschätzen. Mit welchen „Planungstypen" haben Sie es in Ihrem Führungsteam zu tun? Wie leicht wird Ihnen die flexible Planung fallen?

Welcher Planungstyp sind Sie?

Bitte geben Sie für jede Aussage diejenige Punktzahl an, die auf Sie momentan zutrifft. Vergeben Sie die Punktzahlen entlang der unten stehenden Skala entsprechend Ihrem ersten Eindruck. Der Test ist umso aussagekräftiger, je ehrlicher Sie sich selbst gegenüber sind.

Die Aussage trifft für mich zu:

1	2	3	4	5
Kaum		Gelegentlich		Häufig

1. Wenn wir einmal den Planungsprozess abgeschlossen haben, steht der Plan!
2. Die meisten wollen nur gut sein, mich motivieren Rekorde!
3. Große Pläne klingen immer gut, sind aber meistens nicht umsetzbar.
4. Man kann nicht immer ständig neue Information in den Plan integrieren, irgendwann muss er auch mal umgesetzt werden.

5. Auf mich trifft das Sprichwort „Als sie das Ziel aus den Augen verloren, verdoppelten sie ihre Anstrengungen" zu.
6. Egal, welcher Plan mir vorgegeben wird, ich erreiche immer ein Ergebnis, das von meiner Führungskraft als „Ziel erreicht" verstanden wird.
7. Pläne sind etwas für Wahrsager.
8. Ziele erreicht man schneller, indem man sich schwer erreichbaren Herausforderungen stellt.
9. Es passiert mir häufig, dass ich die Verfolgung meines Planes vergesse und stattdessen andere interessante Dinge entdecke.
10. Wer laufend neue Informationen in seinen Plan integrieren will, wird nie fertig.
11. Statt immer wieder den Plan an die Realität anzupassen, versuche ich lieber, in der realen Situation gut zu entscheiden.
12. Wenn es mit der Zielerreichung schwierig wird, ist mein Motto: Lasst uns das jetzt noch Machbare erreichen.
13. Schwierigkeiten bei der Planumsetzung führen bei mir dazu, dass ich mich schwer auf das Ziel fokussieren kann.
14. Die Dinge sind heute so komplex geworden, dass Pläne Muster ohne Wert sind.
15. Gibt es erhebliche Schwierigkeiten mit der Umsetzung des Planes, suche ich nach Hindernissen und Stolpersteinen, die ich bei der Umsetzungsplanung vielleicht übersehen habe.
16. Ich konzentriere mich auf das Hier und Jetzt, denn die Zukunft ist ungewiss.

Zur Auswertung notieren Sie die Punktzahl Ihrer Antworten und addieren die entsprechenden Zeilen folgendermaßen:

(1) __ + (4) __ + (10) __ + (16) __ = Der EK Punktwert
(2) __ + (5) __ + (8) __ + (13) __ = Der FE Punktwert
(3) __ + (6) __ + (9) __ + (12) __ = Der NK Punktwert
(7) __ + (11) __ + (14) __ + (15) __ = Der UP Punktwert

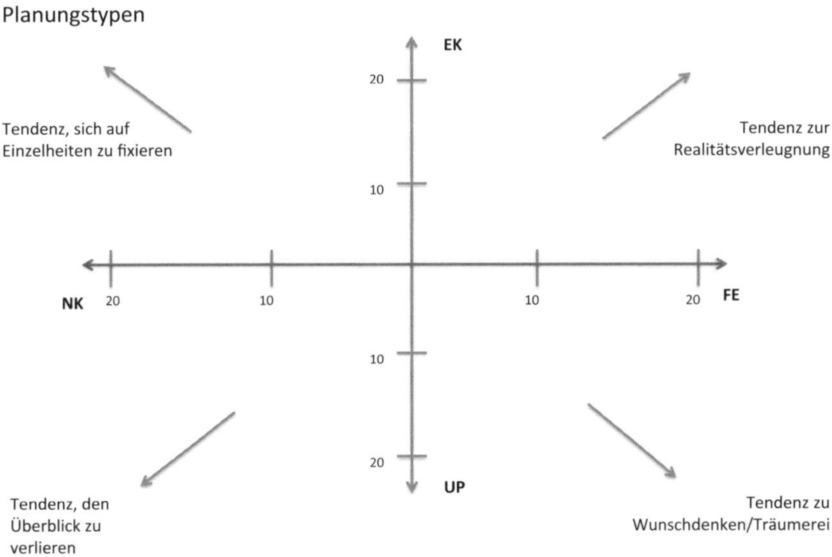

Abb. 2.1 Planungstypen

Die Punktwerte jedes Teammitgliedes tragen Sie dann im Diagramm in Abb. 2.1 ein und erkennen sofort, wo die individuellen und kollektiven „Planungstypen" Ihres Führungsteams liegen. Diskutieren Sie Ihren Planungstyp im Führungsteam: Welche Tendenzen sind stark ausgeprägt, was soll so bleiben, was wollen Sie verändern?

Dabei stehen die vier Abkürzungen EK, PE, NK und UP für (Strohschneider/von der Weth 2002):

- **Einkapselung (EK), d. h.** die Abwehr von Informationen, die für die Planung wichtig wären, aber ignoriert werden, damit keine Neuplanung erforderlich ist. Personen/ Teams, die hier hohe Werte aufweisen, nehmen Informationen, die eine Planrevision erforderlich machen würden, kaum zur Kenntnis oder versuchen, die Relevanz dieser Informationen kleinzureden. Sie besitzen meist eine ausgeprägte „Machermentalität“ und sind so sehr auf die Umsetzung des einmal beschlossenen Planes fixiert, dass sie wichtige Dinge links und rechts des Weges nicht wahrnehmen wollen bzw. können.

- **Fantasierte Erfolge (FE)** beschreibt den Fluchtmechanismus, wenn das eigentliche Ziel nicht mehr erreichbar scheint. Statt diese „Realität“ in einer Um- oder Neuplanung umzusetzen, deuten sie die Situation als Chance, die ganz großen Erfolge zu erreichen. Teams und Personen, die hier eine hohe Ausprägung aufweisen, haben die Tendenz, sich bei Problemen in der Planumsetzung „höhere“, „moralisch bessere“, also grandiose Ziele vorzustellen, deren Erreichung praktisch jeden heldenhaften Einsatz rechtfertigt. Statt also den Plan weiter umzusetzen oder zu verändern, werden die Schwierigkeiten als Teil der besonders schweren Mission umgedeutet.
- **Konzentration auf Nebenkriegsschauplätze (NK)** ist ein weithin bekanntes Muster der Arbeit an kaum relevanten Teilbereichen eines Planes. Teams und Personen mit einer hohen NK-Ausprägung konzentrieren sich auf die Teile des Plans, die ihnen noch umsetzbar scheinen, wenn das Gesamtziel schon aus dem Blick verschwunden ist. Bevor die Mission zur Planerfüllung abgebrochen wird, werden sogar manchmal neue Teilziele „erfunden“, für die sich die weitere Arbeit lohnt. Ganz nach dem Motto: Wenn wir die Entwicklung unseres Kfz-Prototyps nicht hinbekommen können, dann lass uns doch herausfinden, ob er vielleicht fliegen kann.
- **Unterplanung (UP)** beschreibt den Verzicht auf eine notwendige Detail- und Ausführungsplanung. Führungskräfte oder Teams, die hier eine hohe Ausprägung zeigen, planen und handeln überwiegend ad hoc und aus der Situation heraus, obwohl ausreichend sichere Informationen für eine Detail- und Ausführungsplanung vorliegen.

2.1.2 Unentscheidbare Entscheidungen

Das Beispiel des Handelsunternehmens zeigt, dass die bewährten Methoden Planung und Zielvereinbarung gut genutzt werden können, um die Reaktionsfähigkeit von Führungskräften in ungewissen Situationen zu schulen. Die Führungskraft sieht der Komplexität ins Auge und macht sich klar, dass sie Änderungen als das annehmen kann, was sie sind: eine Chance, sich neu aufzustellen. Sie arbeitet in einer Haltung, dass unentscheidbare Entscheidungen zu treffen sind.

Führen heißt, das Unentscheidbare zu entscheiden, lautet die scheinbare Paradoxie, die wir Heinz von Förster (1993) verdanken. Denn das Entscheidbare ist ja schon entschieden, bereits in Form von Stellenbeschreibungen, „messerscharfen" Schnittstellenpapieren, Anweisungen, Spielregeln und Vereinbarungen geregelt. Daher wendet sich eine Führungskraft, die effektiv sein will, den Fragestellungen zu, die nicht bereits einer Regel unterliegen, sie wendet sich den unentscheidbaren Entscheidungen zu.

Das Auftreten unentscheidbarer Entscheidungen macht deutlich, dass eine Komplexitätsgrenze überschritten wird, ab der Verhalten und Fortgang eines Prozesses nicht mehr genau berechnet und geplant, sondern nur noch prognostiziert und situativ gesteuert werden können. Es gibt keine Checklisten mehr, an denen man sich festhalten kann. Eine Führungskraft, die mit einer unentscheidbaren Entscheidung konfrontiert ist, kann letztlich nur auf Erfahrungen aus vergleichbaren Situationen zurückgreifen. Die Führungskraft in einer uneindeutigen Situation muss auf der Basis von Prognosen und des Abgleichs mit ihrem Erfahrungswissen Entscheidungen treffen. Dabei geht sie immer das Risiko ein, „falsch" zu entscheiden. Denn welche Alternative die wirklich „richtige ist", kann sie bei einer unentscheidbaren Entscheidung nicht wissen.

Um es klar zu sagen: Es geht nicht um konzeptloses Handeln, nur weil die auftretende Unsicherheit bisher vorherrschende Kategorien in Frage stellt. Richtig ist, dass sich Führungskräfte bei Unerwartetem vom starren „geplant ist geplant"-Denken verabschieden und die alten Kategorien „richtig“ und „falsch“ damit ihre Gültigkeit verlieren. Doch bietet auch das neue Konzept Leitlinien, an denen sie Entscheidungen ausrichten können.

Während in einer sicheren und vorhersagbaren Umwelt die Ergebnisse entweder richtig oder falsch sein können, wird sich eine Führungskraft im Ungewissen überlegen, welche Alternativen eher zur Zielerreichung beitragen. Ein wirksamer Entscheider unter Unsicherheit zu sein, braucht eine Haltung der Ambiguitätstoleranz, d. h. die Fähigkeit, auch in uneindeutigen Situationen als Führungskraft zu handeln. Selbstverständlich spielen Zahlen, Daten und Fakten auch hier eine sehr wichtige Rolle. Auch hier stützen sich Entscheidungen auf eine solide Grundlage, die Hypothesen, Kausalitäten und Wahrscheinlichkeiten einbezieht. Am Ende steht die Führungskraft dann aber vor mehreren Alternativen und eben nicht nur der einen besten, die es gäbe, würden Gewissheit und Sicherheit vorherrschen.

Die Zwangsläufigkeit starrer Planung wird durch die Offenheit von sinnvollen Alternativen ersetzt. Wirksame Führungsteams wählen unter den bestehenden Alternativen die passende aus. Diese ist nicht dadurch gekennzeichnet, dass sie die beste ist, sondern dass die Führungskräfte sie für die beste halten. Das Risiko, das nun entsteht, weil einerseits entschieden werden muss (sonst herrscht Stillstand) und andererseits jede Entscheidung eigentlich unentscheidbar ist, muss das Führungsteam tragen. Dies ist die Haltung wirksamer Führung unter Ungewissheit!

▶ Wirksame Führungskräfte ersetzen die traditionelle starre Planung durch die Offenheit mehrerer sinnvoller Alternativen. Dies bringt sie dazu, immer in konkreten Szenarien zu denken, um am Ende unentscheidbare Entscheidungen treffen zu können.

Was heißt das für den Alltag der Planung und Kontrolle in Ihrem Führungsteam? Vor allem eines: Schieben Sie nicht Dienst nach

Plan, sondern führen Sie mit Sinn und Zusammenhang. Es gibt zentrale Ansatzpunkte dafür:

1. Verankern Sie die Idee der lernenden Organisation systematisch. Eine anerkannte und gelernte Methode der Abweichungs- und Fehleranalyse, die im Team stattfindet, ist schnell wirksam und dauerhaft nützlich. Führen Sie diese intern unter den beteiligten Kollegen durch und lassen Sie dies nicht allein durch externe „Benchmark“-Berater abwickeln, die Ihnen im Zweifel wieder nur ein einziges, „richtiges“ Vorgehensmodell präsentieren. Misstrauen Sie schnellen Lösungen und Dingen, die bisher immer funktioniert haben. Nur ein Vorgehen, das die Mitarbeiterinnen und Mitarbeiter in die Verantwortung nimmt, sichert Ergebnisse, die auch etwas mit der Realität zu tun haben.
2. Schaffen Sie tatsächlich ein Organisationsklima, das Annahmen und Bewährtes beständig in Zweifel zieht und das Bekanntwerden von Fehlern lobend hervorhebt. Diese oder eine vergleichbare Haltung verankern Sie in Organisationsleitbildern und den Leitplanken der Kommunikation und Führung.
   Fast überlebensnotwendig ist diese Kultur z. B. an Bord eines Flugzeugträgers. Weick und Sutcliffe (2007) berichten von einem Flugzeugmechaniker auf einem Flugzeugträger, der anzeigte, dass er ein Werkzeug vermisst. Sofort wurde der Flugbetrieb eingestellt, bis das Werkzeug gefunden war, denn dieses Werkzeug könnte sich noch in oder an einem Flugzeug oder auf dem Flugdeck befinden und dort einen unabsehbaren Schaden anrichten. Tags darauf wurde dieser Soldat in einer speziellen Zeremonie belobigt. Statt also einen Mitarbeiter für seinen Fehler, hier das Verlegen des Werkzeugs, zu sanktionieren, wird er beim Anzeigen dieses Fehlers für seine Achtsamkeit als positives Beispiel herausgestellt. Belohnen Sie also Führungskräfte und Mitarbeiter, die sich und ihr Verhalten beständig reflektieren, und nicht nur diejenigen, die etwas „wegschaffen“.

3. Sorgen Sie für ein hohes Maß an seemännischer Gelassenheit, wenn unter Ungewissheit entschieden werden soll. Der Umgang mit Ungewissheit braucht eine Führungshaltung, die Risiken als normales Führungsphänomen begreift und ihnen mit einer gelassenen Haltung begegnet. Wenn man sich vor Augen führt, dass
   - Unsicherheit permanenter Bestandteil allen unternehmerischen Handelns ist, dann ist nicht deren Auftreten, sondern die Abwesenheit von Ungeplantem Grund zur Beunruhigung;
   - die Verursacher von Planänderungen neue und wichtige Informationen über das, was sich im Kontext der Organisation oder Organisationsumwelt (vgl. Abb. 1.2) verändert, liefern und nicht schuld an einer Abweichung sind;
   - richtiges Reagieren auf Neues perfekt für die Zielerreichung wäre, dies aber meist so viele Informationen braucht, dass diese richtige Reaktion oft zu spät kommt;

   dann macht es Sinn, dass Führungsteams in unerwarteten Situationen die wirksame und sinnvolle Lösung der perfekten vorziehen.

Daher redet ein erfahrener Kapitän seiner Mannschaft niemals einen aufziehenden Sturm schön, beordert aber auch nicht gleich alle Mann an Deck und verteilt vorsorglich Schwimmwesten. Vielmehr rechnet er mit schlechtem wie gutem Wetter und hat die Lage und Funktionsfähigkeit der Schwimmwesten bereits vorab überprüft.

Ein seemännisch gelassenes Führungsteam handelt hellwach, konzentriert, gut vorbereitet und unter Einsatz all seines Erfahrungs- und Methodenwissens – aber stets in der Führungsrolle und nicht als Funktionär irgendeiner Managementschule. Kernelement ist das Verhalten der Führungskräfte selbst und nicht die Methoden und Techniken, die sie anwenden. Diese bleiben, was sie sind: Methoden der Unterstützung. Operative Hektik, Berichte auf den letzten Drücker und sinnloses Multitasking verschwinden, wenn diese Art der Führung Einzug hält. Die Führungskräfte spielen alternative Szenarien bereits im Vorfeld und nicht erst ad hoc durch. Sie bewahren in der schwierigen Situation die Ruhe, weil sie wissen, dass sie einen

Plan B und C in der Tasche haben, strahlen deshalb Gelassenheit aus und stabilisieren so die Lage.

► Führungsteams, die Ungewissheit von vornherein einbeziehen, statt zu versuchen, sie durch Planungsprozesse wegzukalkulieren, nehmen Überraschungen den Schrecken und stellen sicher, dass sie sinnvoll auf Neues reagieren können. Genau das ist es letztlich, wofür Führungskräfte gebraucht werden. Denn starre Pläne stur abarbeiten könnten auch Maschinen.

2.1.3 Planung mit der Kraft des Führungsteams

Führungskräfte stehen also regelmäßig vor der Aufgabe der Planung und Entscheidung unter Unsicherheit. Die Herausforderung der Planung neuen Typs und der unentscheidbaren Entscheidungen ruft bei den Beteiligten oft Unsicherheit und Widerstand hervor. Auch hier ist es gut, wenn man nicht allein ist, sondern die Kraft des Führungsteams nutzen kann.

Aus der Forschung über „Schwarmintelligenz“ ist bekannt, dass Gruppenentscheidungen den Entscheidungen von Einzelpersonen gerade in komplexen, unsicheren Situationen überlegen sind. Denn ein funktionierendes Führungsteam

- gleicht Missverständnisse, Informationsdefizite und Fehler gegenseitig aus.
- erfasst und beschreibt die Lage, das Problem und die Herausforderung vollständiger.
- kreiert mehr Alternativen und Szenarien.
- nutzt die individuellen Ressourcen gut, ohne sie zu überlasten. In performanten Teams wechselt die Arbeitsbelastung jedes Einzelnen immer zwischen Phasen der Anspannung und Entspannung, ohne jedoch die Aufmerksamkeit zu verlieren. Dieser Spannungs-

wechsel fördert die individuelle Kreativität und steigert das gemeinsame Leistungsniveau.
Ein Effekt, der uns aus dem Radsport wohlbekannt ist, wenn funktionierende Verfolgergruppen durch ständigen Führungswechsel den einsamen Kämpfer an der Spitze kurz vor dem Ziel doch noch einholen.

- sorgt dafür, dass sich die Organisation mit dem Ergebnis besser identifiziert, eben weil es keine einsame Entscheidung an der Spitze war.

Rudolf Wimmer (2004) fasst die Überlegenheit produktiver Führungsteams treffend zusammen:

> Demgegenüber sind Führungsteams, deren Mitglieder einander auf der inhaltlichen Ebene fordern können, die in ihren jeweiligen Grundannahmen bei den jeweiligen Themen wechselseitig auf den Zahn fühlen, die sich über das eigene Nichtwissen offen und ungeschützt miteinander verständigen können, ohne ihre persönlichen Beziehungen zu belasten und tiefere Kränkungen zu produzieren, solche Teams sind deutlich besser in der Lage, ein adäquates Verständnis für die vielfältigen Erfordernisse der anstehenden Entscheidungslagen zu produzieren. Ihnen gelingt eine angemessenere Realitätsprüfung, weil sie ungehindert die im Team verteilte Intelligenz miteinander mobilisieren können.

► Durch die Bündelung von Kontextwissen, Erfahrung und den Umgang mit Unsicherheit ist ein funktionierendes Führungsteam einer Einzelperson in den Bereichen flexible Planung und unentscheidbare Entscheidungen überlegen. Ein Führungsteam, das nicht funktioniert, trifft dagegen keine besseren Entscheidungen (vielleicht sogar schlechtere) als Einzelpersonen und braucht dafür mehr Ressourcen.

2.2 Entscheiden können

Vornehmste Aufgabe des Führungsteams ist es also, die unentscheidbaren Entscheidungen zu treffen. Sie lösen das strukturelle Dilemma, dass Unternehmen gut darin sind, eine sichere Informationsbasis für triviale Entscheidungen zu organisieren, während die Informationsbasis für die zentralen, unsicheren Entscheidungen (die vor allem im Bereich der Kontextführung liegen) unsicher bleibt. In diesem Spannungsfeld zeigen wirksame Führungsteams eine Entscheidungsfähigkeit, die von einer neuen Haltung geprägt und durch transparente Prozesse unterstützt wird.

2.2.1 Uneindeutigkeit aushalten

Unter komplexen und sich rasch wandelnden Bedingungen sind Führungsteams wirksam, wenn sie eine neue Haltung zeigen (die im nächsten Kapitel ausführlich beleuchtet wird), die Widersprüche und Unsicherheit gut aushält, indem sie

- nach außen ihre Aufmerksamkeit auf die Umwelt und den Kontext richten.
- nach innen ihre Aufmerksamkeit auf Abweichungen und Unerwartetes richten.
- vereinfachende Interpretationen bzw. plumpe Reduktion komplexer Zusammenhänge vermeiden.
- eine Sensorik für Vernetzung und Rückkopplung, d. h. die Dynamik im Unternehmen entwickeln.
- die Ebenen der Strategie, Struktur und der Instrumente (Abb. 1.1) flexibel halten und bereits bei ersten Anzeichen von Verkrustung und Starrheit des Unternehmens intervenieren.

Damit dieser Gruppendynamikvorteil nicht zum Gruppendrucknachteil wird und die Vorteile der Gruppe gegenüber Einzelpersonen genutzt werden, müssen sich Führungsteams über bewusste

Entscheidungsprozesse verständigen. So verhindern sie, naiv in unentscheidbare Entscheidungssituationen hineinzustolpern. Und natürlich gilt auch hier, was wir durch Dörner (2008) generell über Entscheidungsprozesse wissen: Wer sich immer wieder damit beschäftigt, wie er entscheidet, wie er vorgeht und wie er die Determinanten zur Entscheidungsfindung auswählt, der ist erfolgreicher als derjenige, der allein nach der besten fachlichen Lösung sucht.Die Empfehlungen, wie gute Entscheidungsprozesse organisiert werden, sind schier endlos. Aus Praxiserfahrung schätze ich das FORDEC-Modell, das u. a. im Feld des Betriebes von „hochzuverlässigen Organisationen" (Flugzeuge, Kraftwerke etc.) eingesetzt wird:

Facts–**O**ptions–**R**isks–**D**ecision–**E**xecution–**C**heck

Es eignet sich sehr gut für komplexe Gruppenentscheidungen, für die ein Handlungskonzept nicht sofort ersichtlich ist, die quasi „unentscheidbar" sind. In sechs Schritten durchlaufen Führungsteams eine Schleife, die das Wissen der einzelnen Führungskräfte sammelt, die vielfältigen Erfahrungen nutzt, mehrere Alternativen zusammenträgt und diese gemeinsam bewertet. So werden „unentscheidbare Themen" entscheidbar.

1. Zunächst werden in der Gruppe die Fakten (Facts) zusammengetragen. Dabei vermeiden Sie eine zu schnelle Einengung des Blickes auf die Situation, indem Sie mehrere „Prüfaufträge" parallel vergeben.
   So wird aus ein typisches Entscheidungsmuster, das der „vorgeprägten Einstellung", bewusst genutzt. In seiner Logik des Misslingens beschreibt Dörner (2008) eindrucksvoll, wie die Suche nach Ursachen und Lösungsmöglichkeiten eines Problems wesentlich von den Themen beeinflusst wird, die man sowieso schon kennt bzw. ohnehin schon als Grundübel identifiziert hat. Diese eigentliche Schwäche im Entscheidungsprozess, nämlich der vorschnellen Festlegung auf die ohnehin bekannten Ursachen, wird im Führungsteam zur Stärke. Das Team nutzt die Vielfalt der Führungskräfte, indem jedes Mitglied die Fakten aus seiner Sicht mit

seinen vorgeprägten Einstellungen betrachtet und alles zu einem gemeinsamen Faktenpool zusammengetragen wird.

2. Im zweiten Schritt werden in einem Brainstorming alle denkbaren und „undenkbaren“ Vorschläge (Options) zur Bewältigung der Situation gemacht. Nur so öffnet sich ein Lösungsraum, der auch echte Veränderungen möglich macht und die Entscheidung nicht schon von vornherein auf ein „irgendwie weiter so wie bisher“ eingrenzt.

   Insbesondere die „undenkbaren“ Vorschläge fallen naturgemäß nicht leicht, obwohl es doch gerade sie sind, die den Blick des Führungsteams für eine sinnvolle Lösung öffnen. Nutzen Sie auch hier ein eigentliches hemmendes Muster, indem Sie es umkehren. Statt also zu Beginn einfach um „verrückte“ Vorschläge zu bitten, hilft die „Kopfstandmethode“, die den Zugang zu den scheinbar nutzlosen Ideen aktiviert:
   - Was ist zu tun, damit sich nichts verändert?
   - Welche Lösung haben wir bereits ohne Erfolg versucht?
   - Wie können wir das Problem noch schlimmer machen?

3. Dann folgt der zentrale Schritt des FORDEC-Entscheidungsprozesses, die rationale Abwägung, welcher der Vorschläge nun umgesetzt werden soll. Dabei hat sich ein Trichterverfahren bewährt, das die Zahl der Alternativen Schritt für Schritt mittels Risikoabwägung (Risks) reduziert.

   Zunächst stellen Sie eine Liste der Kriterien auf, anhand derer Sie die Alternativen aus Schritt 2 bewerten wollen. Dazu schreiben Sie einfach alle denkbaren Kriterien auf einen Flipchart und priorisieren diese (z. B. mittels einer Klebepunktabfrage). Gehen Sie dann diese Kriterienliste durch und prüfen jede Alternative auf die Erfüllung des Kriteriums. Die Praxis zeigt, dass in über Dreiviertel aller Entscheidungsverfahren weniger als fünf Kriterien mit der Entscheidungskategorie erfüllt/nicht erfüllt ausreichen, um die Anzahl der Alternativen auf nur zwei bis fünf zu begrenzen.

4. Mit dieser begrenzten Zahl von Alternativen geht die Gruppe jetzt zur Entscheidungsfindung (Decision) in den intensiven Füh-

rungsdialog und wählt unter den denkbaren Lösungen diejenige aus, die sie für die sinnvollste und nützlichste hält. An diesen beiden Begriffen wird deutlich, was den FORDEC-Prozess eines funktionierenden Führungsteams von den Heilsversprechen der sog. „objektiven Entscheidungsverfahren" unterscheidet und wovon sich ein Managementheld lösen muss, wenn er Teil eines erfolgreichen Führungsteams werden will.

Denn eine unentscheidbare Entscheidung zu treffen bedeutet, unter mehreren sinnvollen und nützlichen Alternativen die auszuwählen, die das Team für die beste hält, und nicht die, die die objektiv beste ist.

Das Führungsteam übernimmt gemeinsam Verantwortung für die Auswahl einer Alternative und steht zu den Konsequenzen. Damit unterscheidet es sich maßgeblich von den Managementrunden, die sich bei ihrer ressourcenaufwendigen Suche nach KPIs und Benchmarks im Maschinenraum derart verlaufen, dass kein freier Blick auf Kurs und Seegang mehr möglich ist. Während Managementhelden bei der Sucherei im Maschinenraum nach objektiven Kriterien gieren, auf die sie dann ihre Entscheidungsverantwortung abschieben können, weil „die Daten ja gar nichts anderes hergeben", zeigen Führungsteams auf der Brücke ihre Ambiguitätstoleranz und treffen Entscheidungen, auch wenn es keine vollständige Datenlage gibt.

5. Im fünften Schritt ist es dann an der Zeit, dass das Führungsteam für die Ausführung (Execution) sorgt. Dabei nutzt es die Struktur- und Instrumentenebene (Abb. 1.1) und sorgt für eine konsequente und zeitnahe Delegation, sofern die Umsetzung nicht in die eigene berufliche Rolle und Verantwortung fällt.
6. Genauso verhält es sich bei Schritt 6, wenn die Wirksamkeit der Entscheidung kontrolliert (Check) wird. Hierbei muss das Führungsteam auf der Strukturebene eng mit den Management-Technikern im Maschinenraum des Unternehmens kooperieren. Denn in komplexen Situationen, die von Rückkopplungen und Unvorhergesehenem gekennzeichnet sind, sind eindeutige Wirk-

faktoren schwer zu identifizieren. Es ist nicht immer klar, wie die Entscheidung genau gewirkt hat und welches Ergebnis auf welche Entscheidung zurückzuführen ist. Auch hier braucht es sowohl die bewusste Nutzung der Unterschiede als auch einen effektiven Dialog.

2.2.2 Entscheidungsregeln

Die Wette gilt: Wenn Sie eine Spontanumfrage durchführen, welche Entscheidungsregel für Teams am besten geeignet ist, wird die Konsensentscheidung mit weitem Abstand an der Spitze liegen. Konsens ist für viele Entscheidungssituationen wünschenswert, aber sicher nicht als alleinige Entscheidungsregel. Führungsteams in professionellen Organisationen müssen auch immer die Ökonomie ihrer Entscheidungsfindung im Auge behalten. Denn manche Suche nach einem Gruppenkonsens nimmt eine Menge Ressourcen im Anspruch, die zum Wert des Konsenses in keinem Verhältnis stehen. Da ist es gut, wenn Sie je nach Entscheidungsgegenstand und Kontext eine sinnvolle Entscheidungsregel auswählen. Abbildung 2.2 zeigt mögliche Entscheidungsregeln, die Sie je nach Situation auswählen sollten.

2.2.3 Bauchgefühl

Wenn ich Ihnen einen rationalen, nicht objektiven FORDEC-Entscheidungsprozess vorschlage, damit Sie die unentscheidbaren Entscheidungen im Führungsteam gut treffen können, bedeutet dies nicht, dass das Bauchgefühl jetzt keine Rolle mehr spielt. Im Gegenteil! Der Direktor des Max-Planck-Institutes für Bildungsforschung, Gerd Gigerenzer (2013), weist zu Recht darauf hin, dass die Intuition bei unentscheidbaren Entscheidungen eine erhebliche und positive Rolle spielt, denn

Entscheidungsregel	Vorteile	Nachteile
Mehrheitsentscheidungen (Abstimmung)	Schnell, Mehrheitsverfahren wird meist als „demokratischgerecht" beurteilt; kann mit 2/3-Regel als qualifizierte Mehrheit gestaltet werden	Es wird nicht unbedingt die sachgerechte Alternative gewählt, sondern die populärste. Die Implementierung leidet dann darunter
Schweigen bedeutet Ablehnung	Schnell, unauffällig (besonders bei „abstrusen" Vorschlägen) und weit verbreitet	Vorschläge „fallen durch" ohne Erörterung und Diskussion
autoritätsorientierte Entscheidungen	Schnell und akzeptiert, wenn das soziale Rollengefüge der Gruppe, die Rolle des „Chefs" bestätigt wird	Entscheidung kann wenig sachbezogen sein oder wird operativ nicht mitgetragen
Entscheidungen durch aktive Minderheit (Schweigen bedeutet Zustimmung)	Schnell, integrativ, „Neues" kann gut eingeführt werden, Widerstände werden überwunden	Gefühl der „Überrumpelung" und Gefahr nachhaltiger Umsetzungsprobleme
Expertise	Schnell und akzeptiert wenn Expertentum als positiv beurteilt wird	Widerstände gegen „Herrschaft der Bürokraten" möglich
Konsensentscheidungen	Integrativ; jeder wird gehört, da explizite Zustimmung erforderlich ist; Widerstände werden aktiv aufgedeckt	zeitaufwendig, einzelne können „blockieren"
Zufallsentscheidungen	Schnell, löst Situationen, die verfahren sind (z.B. durch Münzwurf)	Willkürlich, Widerstände zu erwarten
Kompromissentscheidungen	Integrativ; niemand wird übergangen, alle werden gehört und am Ende findet jeder ein wenig von sich in der Entscheidung wieder	Es entsteht Gruppendruck, beinhaltet meist nur den kleinsten gemeinsamen Nenner

Abb. 2.2 Entscheidungsregeln (in Anlehnung an Schein (2003))

> Intuitionen ist weder eine Laune noch die Quelle aller schlechten Entscheidungen. Sie ist unbewusste Intelligenz, welche die meisten Regionen unseres Gehirns nutzt.
> Intuition ist dem logischen Denken nicht unterlegen. Meistens sind beide erforderlich. Intuition ist unentbehrlich in einer komplexen, ungewissen Welt [...].
> Intuition beruht [...] auf intelligenten Faustregeln und viel Erfahrungen, die im Unbewussten verborgen liegen.

Wirksame Führungsentscheidungen brauchen die ganze Frau/den ganzen Mann mit allen bewussten und logischen genauso wie mit allen unbewussten und intuitiven Kompetenzen. Erfolgreiche Führungsteams lösen sich deshalb von der Diffamierung der Bauchentscheidungen als Zufall, irrational und falsch. Deshalb schließe ich mich Wilhelm Backhausen (2009) an, der empfiehlt

> [...] aufmerksam auf die eigenen Gefühle zu achten, auf spontane affektive Reaktionen und Körperempfindungen, auch auf Bilder, die auftauchen, auf Metaphern, Geschichten, Märchen, Erinnerungen, die einfallen. All die angeblich so unwichtigen Ablenkungen sind vor allem zuerst zu bemerken und dann auf die ihnen vorgeschlagene Bedeutungsgebung zu prüfen. Dies ist der [...] Prozess von Kreativität und Rationalität, der erst gemeinsam zu einer brauchbaren Entscheidungsfindung führt.

Intuition ist nichts Esoterisches, und somit für den harten Führungsalltag unbrauchbar, sondern einfache, praktische Klugheit. Es handelt sich um implizites Wissen, das sich aus Erfahrung speist und Führungskräfte in die Lage versetzt, Bewertungen vorzunehmen, die von der praktischen Lebenserfahrung geleitet sind.

Vertrauen Sie also mit seemännischer Gelassenheit auf das gesammelte Erfahrungswissen in der Gruppe als Grundlage für Ihre Intuition. Da Sie gleichzeitig einen rationalen FORDEC-Prozess nutzen, stellen Sie sicher, dass die Intuition eine gute Heimat bekommt und nicht als „freischwebende irre Ideen“ Ihre Entscheidungsfähigkeit mindert. Wach und kooperationsbereit bilden Sie ein Führungsteam, das mit den Unterschieden und verschiedenen Handlungsebenen jongliert, und kümmern sich um die Kernaufgabe der Kontextführung. Solche Führungskräfte wissen, dass sie aufkommende Probleme aus der Situation selbst heraus lösen werden und nicht alles vorab in Plänen regeln können.

- Wirksame unentscheidbare Entscheidungen gelingen, wenn das Führungsteam in einen FORDEC-Prozess gut mit der unsicheren Situation umgeht, bewusst eine Entscheidungsregel nutzt und darüber nicht vergisst, ebenso auf den Bauch zu hören wie auf Zahlen, Daten und Fakten.

Literatur

Backhausen, W.: Management 2. Ordnung. Gabler, Wiesbaden (2009)

Dörner, D.: Die Logik des Misslingens. Rowohdt, Hamburg (2008)

Gigerenzer, G.: Risiko – wie man die richtigen Entscheidungen trifft. C. Bertelsmann Verlag, München (2013)

Pfläging, N.: Führen mit flexiblen Zielen. Campus Verlag, Frankfurt a. M. (2008)

Schein, E.: Prozessberatung für die Organisation der Zukunft. EHP Verlag, Bergisch-Gladbach (2003)

Strohschneider, S., von der Weth, R.: Ja mach' nur einen Plan: Pannen und Fehlschläge – Ursachen. Beispiele, Lösungen. Verlag Hans Huber, Bern (2002)

von Förster, H.: KybernEthik. Merve Verlag GmbH, Berlin (1993)

Weick, K. E., Sutcliffe, K. M.: Das Unerwartete Managen. Klett-Cotta, Stuttgart (2007)

Wimmer, R.: Das besondere Leistungspotential der gruppendynamischen Trainingsgruppe. In: Heintel, P. (Hrsg.) betrifft: TEAM. VS Verlag für Sozialwissenschaften, Wiesbaden (2004)

Wipperman, F.: Produktive Unruhe oder: Backgammon im Alpinstil. zfo. **2**, (2012)

3 Hart am Wind sein: Unterschiede schätzen und Widerstand nutzen

Zusammenfassung

Der Erfolg eines Führungsteams hängt entscheidend davon ab, wie es ihm gelingt, die Unterschiedlichkeit im Team zu nutzen. Denn viele Teams an der Spitze sind durch Pseudokooperation gekennzeichnet.

Erst wenn echte Kooperation gelingt, bringt ein Führungsteam kreative Lösungen hervor. Nur wenn es in der Lage ist, Widersprüchlichkeiten gelassen wahrzunehmen und Unterschiede schätzen können, erreicht es die Effektivitätsstufe, die es braucht, um als Führungsteam wirksam zu sein. Denn nur Unterschiede, die einen Unterschied machen, ermöglichen wirksame Kommunikation.

Dies führt aber auch zu Konflikten und Reibungsverlusten, weil sich Haltungen, Muster und Verhaltensweisen nicht nur ergänzen, sondern auch in Frage stellen. Da ist es wichtig, sich nicht nur zusammenzuraufen, sondern Unterschiede durch eine kulturelle Veränderung hin zur Mindfulness gezielt zu nutzen. Falls diese Veränderung gelingt, ist das Auftreten von Widerständen sehr wahrscheinlich, sollten sie nicht auftreten, ist das eher ein Grund zur Besorgnis. Denn Widerstände zeigen Energie, die es zu nutzen und nicht zu brechen gilt.

O. Hinz, *Das Führungsteam*, DOI 10.1007/978-3-658-03891-5_3,

3.1 Das Verhalten: Egoismus überwinden, Unterschiede schätzen und Ambiguitätstoleranz entwickeln

Viele Teams an der Spitze sind durch Pseudokooperation, d. h. das Darstellen von Zusammenarbeit statt der eigentlichen gemeinsamen Sacharbeit, gekennzeichnet. Da werden viele Initiativen gestartet, Kick-offs veranstaltet und Grundsatzpapiere veröffentlicht, die aber im Bereich der notwendigen Kontextführung leider in keiner Dimension (Abb. 1.1) die Organisation verändern. Im Jargon des Hamburger Hafens ist das „heiße Luft, mit der man nicht mal die Haare trocken kricht".

In Kap. 1 habe ich Sie mit Levins Blick auf die Dynamik von Teams bekannt gemacht und gezeigt, dass echte Kooperation nur gelingt, wenn ein Führungsteam sowohl die Gemeinsamkeiten als auch die Unterschiede im Blick behält. Während die Gemeinsamkeiten meist rasch benannt und in das Handeln des Teams übersetzt werden können, fällt dies vielen Führungskräften bei den Unterschieden nicht so leicht. Hürden, die es dort zu überwinden gilt, sind:

- **Einsamkeit**, d. h. die Sorge, mit seiner Position/Idee allein dazustehen bzw. abgelehnt zu werden,
- **Misstrauen**, d. h. die Sorge, dass die anderen nicht fair spielen und mir schaden wollen,
- **Harmoniestreben**, d. h. die Sorge, dass Konflikte immer bleibende Schäden hinterlassen und deshalb vermieden werden müssen,
- **Verlust des Lorbeerkranzes**, d. h. die Sorge, dass die Erfolge von Führungsentscheidungen nicht nur mir allein zugerechnet werden,
  bzw.
- **Erhalten des Dornenkranzes**, d. h. die Sorge, dass die Misserfolge von Führungsentscheidungen nur mir allein zugerechnet werden, und

- **Egoismus**, d. h. die Sorge, seine Position nicht durchzusetzen bzw. in der gemeinsamen Entscheidung sich nicht prominent wiederzufinden.

Diese Hürden zu nehmen ist nicht immer leicht, denn um sich mit seinen Beobachtungen, Ideen, Wünschen und Befürchtungen in die Manege des Führungsteams zu stellen, braucht es eine Fähigkeit, die bisher in den Kompetenzprofilen von Führungskräften nicht vorkommt: *Ambiguitätstoleranz.*

Dies ist die Fähigkeit, Widersprüchlichkeiten, Unterschiede oder Ungewissheit wahrzunehmen und nicht gleich negativ zu bewerten. Je höher die Ambiguitätstoleranz ausgeprägt ist, desto eher ist man in der Lage, etwas auszuhalten, was einem auf den ersten Blick schwer verständlich oder sogar inakzeptabel erscheint. Führungskräfte, die dual denken und in den Kategorien richtig-falsch, gut-schlecht handeln, also „schwarz-weiß" denken, bezeichnen wir deshalb als ambiguitätsintolerant.

Wirksame Führungsteams arbeiten an ihrer Ambiguitätstoleranz, indem sie bewusst Unterschiede in ihren Arbeitsprozess einführen. So schützen sie sich vor einfachen Wahrheiten, aalglatten Problemlösungen und vorschnellem Konsens. Eine hohe Ambiguitätstoleranz macht den Blick weit und frei für noch nicht entdeckte Alternativen und bisher als unmöglich abgetane Lösungsideen. So können verschiedene Interessen entdeckt und im Führungsprozess genutzt werden. Eine erfolgreiche Kontextführung ist ohne ein gutes Maß an Ambiguitätstoleranz nicht zu leisten.

Aber Vorsicht: Eine hohe Ambiguitätstoleranz führt nicht automatisch dazu, dass Konflikte und Reibung verschwinden. Denn das gute Aushalten von Unterschieden bedeutet nicht, dass sich die Haltungen, Muster und Verhaltensweisen im Team jetzt immer ergänzen. Sie werden sich weiterhin auch immer wieder einmal in Frage stellen.

3.1.1 Unterschiede: Auf die Dosis kommt es an

In seinem leidenschaftlichen Plädoyer für eine neue Zivilgesellschaft erklärt der Publizist Wolf Lotter (2013):

> Im Wissenszeitalter aber geht es darum, die komplexen Talente und Interessen optimal zu nutzen. Das klappt nur, wenn die Verhandlung in Kooperation mündet. Dazu muss man lernen, nicht nur die Meinung und die Eigenart, die Positionen und alle Unterschiede der anderen zu ertragen, sondern auch zu nutzen. [...] Wer Vielfalt nutzen will, muss andere Positionen nicht nur aushalten, sondern auch verstehen – und seine eigenen Ideen daran stärken. Dann wird mehr daraus.

Nancy Adler (2008) hat in ihren Forschungen über effektive Teams gezeigt, dass die Leistungsfähigkeit des Teams davon abhängt, wie gut die Unterschiedlichkeit bearbeitet und genutzt wird. Sie fand heraus, dass es auf die richtige Dosis der Thematisierung von Unterschiedlichkeit ankommt. Abbildung 3.1 zeigt, dass die Effektivität eines Teams davon abhängt, wie es mit Unterschieden (Heterogenität) umgeht. Es ist ineffektiv, die Gemeinsamkeiten aus dem Blick zu verlieren und nur die Unterschiede zu thematisieren, denn dann befindet sich das Team im linken Bereich der Kurve. Die Effektivität kann erheblich gesteigert werden, wenn zunächst die Gemeinsamkeiten betont werden, d. h. die Homogenität steigt. Ein Blick in Abb. 3.1 zeigt aber auch, dass die Effektivität nicht über einen mittleren Bereich hinauswachsen kann, wenn das Team nur an den Gemeinsamkeiten arbeitet. Erst wenn neben den Gemeinsamkeiten auch die Unterschiede thematisiert und produktiv genutzt werden, ist der rechte Bereich der hohen Teameffektivität erreicht.

Der Weg zu hoher Effektivität im Führungsteam führt über einen kontinuierlichen Reflexionsprozess, der sehr achtsam mit der Tiefe der Reflexion umgeht. Diese Reflexion ist durch Argyris und Schön (1978) als „Double Loop Learning" bekannt. Dabei kennzeichnet der Begriff double den Umstand, dass im Team nicht nur über die Fak-

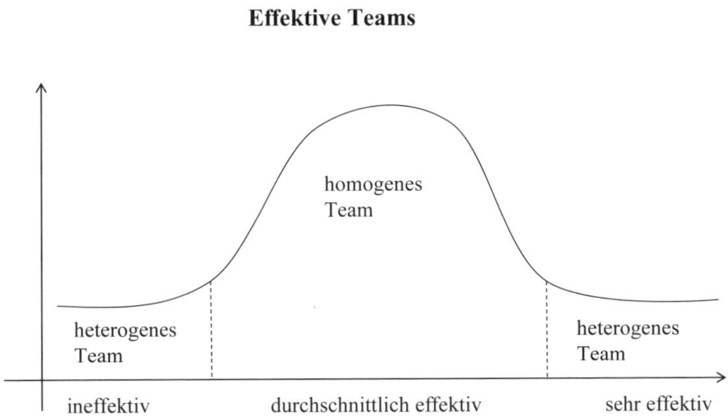

Abb. 3.1 Effektive Teams

toren gesprochen wird, die direkt mit der aktuellen Arbeit in Verbindung stehen, also in der Instrumentenebene (Abb. 1.1) liegen. Erst wenn die Struktur- und Strategieebene einbezogen wird, ist die doppelte Schleife erreicht und die Gruppe beobachtet ihre Arbeit von allen Seiten.

Abbildung 3.2 zeigt, dass die erste Reflexion meist nur einen kurzen Weg nimmt. Wenn ein erwartetes Ereignis nicht eintrifft, ist die übliche Reaktion, seine Entscheidung, seine Handlung bzw. „Aktion" auf diese Information hin neu zu justieren. Es werden also die Aktionen angepasst, die nicht zum erwünschten Ergebnis führten. Dieses als Anpassungslernen bezeichnete Verhalten verändert seine Aktion so lange, bis das optimale Ergebnis erreicht ist und erweitert so das Handlungsrepertoire einer Führungskraft. Dieses Single Loop Learning steigert die Effektivität eines Führungsteams, indem es die „Treffsicherheit" von Entscheidungen verbessert.

Doch leider funktioniert Anpassungslernen nur in einer Welt, in der die Fakten eindeutig beobachtbar und die Zusammenhänge kausal sind. Single loop learning geht getreu dem klassischen Organisationswissen und Darwinscher Lehre von der anpassenden Angleichung der Organisation an unvorhergesehene Veränderungen

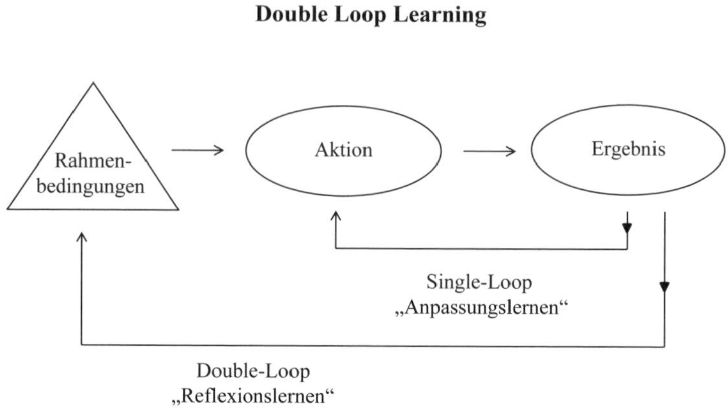

Abb. 3.2 Double Loop Learning

der Umwelt aus. Die Organisation kann demnach ihre Überlebensfähigkeit nur in Form von Anpassung an veränderte Bedingungen sichern, wobei der Umgang mit Veränderungen durch das Abrufen von Erfahrungen gleicher Situationen aus der Vergangenheit bewältigt wird. Dann kann man mit genügend Fleiß und Intelligenz für jedes gewünschte Ergebnis eine Aktion finden, die dorthin führt. Dies ist die Welt der Best practices, Benchmarks und Managementtechniken, die für viele Herausforderungen auf der Instrumentenebene des Maschinenraums der Organisation sehr gute Lösungen liefern.

Das klassische Beispiel für Single Loop Learning ist ein Preiskampf. So haben europäische Unterhaltungselektronikproduzenten über viele Jahrzehnte versucht, der Konkurrenz aus Fernost mit einer Anpassung der Preise zu begegnen, um den Absatz zu halten. Diese Anpassung an die Preise aus Ländern mit völlig anderen Produktionsbedingungen, Kapital- und Lohnstückkosten war allerdings eine Einbahnstraße, die zum Ruin vieler Unternehmen in Europa führte.

Wer Kontextführung erfolgreich betreiben will, muss lernen, den Double Loop zu nutzen und reflexiv zu lernen. Denn reichen die Anpassungsmaßnahmen des Single Loop Learnings nicht aus um die Ergebnisse nachhaltig zu verbessern, muss man ebenfalls die Rahmenbedingungen betrachten und gegebenenfalls auch diese verändern. Beim reflexiven Lernen schaut man hinter die Kulisse der einfachen Kausalität von Aktion und Ergebnis. Dort finden sich die von Argyris und Schön (1978) als „Governing Variables" bezeichneten Werte, Theorien, Überzeugungen, Begriffe, Regeln, Einstellungen, Routinen, Richtlinien, Verfahren, Normen oder Fähigkeiten, die jeder Aktionen zugrunde liegen. Wenn ein Führungsteam sich diesen Themen im Double Loop zuwendet, erweitert es nicht nur sein Repertoire, um mit gegebenen Situationen besser umzugehen, sondern auch den Handlungsraum. Wer die Variablen, die jeder Aktion zugrunde liegen, thematisiert, kann verändern, statt immer nur zu lernen noch besser reagieren zu können.

So wurde einigen Vertretern der Unterhaltungselektronik in Europa im Laufe des Preiskampfes klar, dass nur wirklich Neues, Produktinnovation und die Bedienung von Konsumnischen Erfolg versprechen. Die Bang & Olufsen AG ist ein prominentes Beispiel für diesen Weg.

Double Loop Learning nutzt den bisherigen Erfahrungsschatz der Mitglieder des Führungsteams, transformiert diese Erfahrungen und hinterfragt zugleich die grundsätzlichen Normen und Wertvorstellungen. Diese Form der Reflexion erfordert eine veränderungsfähige und veränderungswillige Haltung, das Schätzen von Unterschieden und vergrößert die Ambiguitätstoleranz.

Es liegt auf der Hand, dass Double Loop Learning meist nicht widerstands- und konfliktfrei passiert. Dies kann daran liegen, dass es auf der einen Seite Führungskräfte gibt, die an den alten Aktions- und Handlungsmustern haften bleiben, ebenso wie auf der anderen Seite Team-Mitglieder existieren, die neue Rahmenbedingungen schaffen und nutzen wollen. Der Fragebogen „Wie gut reflektieren wir?" ermöglicht Ihnen einen ersten Einblick, wie gut Ihr Führungsteam das Double Loop Learning nutzen kann.

Wie gut reflektieren wir?

Bitte geben Sie für jede Aussage diejenige Punktzahl an, die auf Sie momentan zutrifft. Vergeben Sie die Punktzahlen entlang der unten stehenden Skala entsprechend Ihrem ersten Eindruck. Der Test ist umso aussagekräftiger, je ehrlicher Sie sich selbst gegenüber sind.

Die Aussage trifft für mich zu:

1	2	3	4	5
Kaum		Gelegentlich		Häufig

1. Unsere Entscheidungen sind gut überlegt und selten spontan.
2. Wenn jemand ein Problem hat, klären wir, bevor wir uns damit befassen, ob es für unsere effektive Zusammenarbeit relevant ist.
3. In regelmäßigen Abständen evaluieren wir, was die mittelfristigen Konsequenzen unserer Führungsentscheidungen sind.
4. Ob und wie unser Führungsteam geleitet wird, besprechen wir ausführlich.
5. Falls Dinge nicht so funktionieren, wie wir beabsichtigen, gehen wir den Ursachen auf den Grund.
6. Bei uns haben Konflikte und Rivalitäten nur so lange Platz, wie wir deren Austragung als produktiv einstufen.
7. Wir thematisieren die Art und Weise, wie wir miteinander arbeiten, regelmäßig.
8. Das Eintreten in das und Ausscheiden aus dem Führungsteam gestalten wir bewusst.
9. Wir sprechen über unsere persönlichen Muster und typische Verhaltensweisen in unserem Team.
10. Die Effektivität unseres Führungsteams ist immer wieder Thema unserer Gespräche.
11. Schwierige persönliche Themen sprechen wir nur selten im kleinen Kreis an.
12. Wir sprechen über unterschiedliche Wege, auf denen wir unsere Ziele erreichen können.

13. Die Grenze zwischen der beruflichen Rolle und der privaten-authentischen Rolle steuern wir bewusst.
14. Kritik wird bei uns sowohl persönlich-konfrontativ als auch in sachlich-konstruktiver Form geübt.
15. Wenn sich etwas in der Umwelt unserer Organisation ändert, besprechen wir, was das für unsere Zusammenarbeit (Problembearbeitung, Planung, Entscheidungsfindung etc.) bedeutet.

Bitte notieren Sie die Punktzahl Ihrer Antworten und addieren Sie die entsprechenden Zahlen.

Auswertung:

55–75: Ihr Führungsteam scheint gute Voraussetzungen für eine effektive Kooperation zu haben. Sie reflektieren sinnvoll und regelmäßig die Qualität und die Art und Weise Ihrer Arbeit und scheinen dabei die relevanten Themen auch dann nicht auszusparen, wenn sie heikel sind. Double Loop Learning ist für Sie selbstverständlicher Bestandteil eines wirksamen Führungsteams.

35–55: In Ihrem Führungsteam gibt es wahrscheinlich unterschiedliche Phasen der Intensität, mit der Sie ihre Effektivität „angehen". Bitte schauen Sie noch einmal auf die Beantwortung der Einzelfragen: Gibt es bestimmte Themengruppen, bei denen Sie den Double Loop leichter und häufiger erreichen als in anderen Punkten? Oder liegen viele Ihrer Antworten im Bereich um „gelegentlich", d. h. den Wert „3" herum? Dann scheint es so, als ob Sie sich zwar der positiven Wirkung der Reflexion im Team bewusst sind, aber sich nicht „trauen", auch über alle Hürden zu springen. Fallen Ihnen da eine oder mehrere Hürden auf, wenn Sie ein paar Seiten zurückblättern und sich die typischen Hürden noch einmal ansehen?

0–35: Hier sieht es so aus, als ob Ihr Führungsteam die Chance der Reflexion verpasst. Sie erreichen den Double Loop selten oder nur bei bestimmten Themen (dort, wo Sie die Aussage mit 4 oder mehr bewertet haben). Fragen Sie sich bitte, ob bei Ihnen die Gemeinsamkeiten so sehr betont werden, dass Unterschiede wenig oder gar nicht sichtbar werden dürfen? Liegt Ihr Wert sogar unter 20, so ist es denkbar, dass Ihr Führungsteam nur Pseudokooperation betreibt.

Als Führungsteam im Double Loop zu arbeiten, ist kein einfacher Vorgang. Es sind Führungskräfte vonnöten, die sich selbst und das Team als Ganzes bewusst wahrnehmen und diese Beobachtungen auch aktiv mitteilen. Aber wenn Sie sich die unterschiedlichen Muster der Wahrnehmung, des Denkens und des Handelns nicht bewusst machen und stattdessen nur den Single Loop nutzen, sinkt die Team-Effektivität.

Effektive Führungsteams sind dadurch gekennzeichnet, dass sie

- einerseits engagiert und mit einem hohen Selbstbewusstsein ihre Sichtweise zur Verfügung stellen und
- andererseits analytisch und mit Distanz das Führungsteam in seiner Wirkung auf das Unternehmen und die Umwelt untersuchen.
- einerseits empathisch und achtsam auch heikle Themen, die persönlichen Zündstoff enthalten, ansprechen, um die Effektivität der Arbeitsbeziehung zu steigern, und
- andererseits mit Blick auf die gemeinsame Aufgabe darauf achten, dass persönliche Interessen nur so weit in den Teamfokus rücken, wie es zur Steigerung der Effektivität noch notwendig ist.

► Nur wenn Sie in der Lage sind, Widersprüchlichkeiten gelassen wahrzunehmen und Unterschiede schätzen zu können, erreichen Sie die Effektivitätsstufe, die notwendig ist, um als Führungsteam wirksam zu sein. Reflexives Lernen schaut hinter die Kulisse der einfachen Kausalität von Aktion und Ergebnis. Denn reichen die Anpassungsmaßnahmen der einfachen Kausalität nicht mehr aus, um die Ergebnisse nachhaltig zu verbessern, muss man auch die Rahmenbedingungen betrachten und gegebenenfalls auch diese verändern.

3.1.2 Alles, was gesagt wird, wird von einem Beobachter gesagt

Double Loop Learning ist immer dann erfolgreich, wenn die Führungskräfte in der Lage sind, verschiedene Perspektiven einzunehmen, abweichende Sichtweisen einzubringen und sich situativ sowohl persönlich engagiert als auch analytisch distanziert zu verhalten.

Leider wird dieses Verhalten heute nicht überall als gute Führung geschätzt, sondern als „es allen recht machen wollen“ oder „entscheidungsschwach“ diffamiert. Um zu verstehen, warum ein konsequentes sowohl als auch gute Führung ist, und um mit solchen Anwürfen besser umgehen zu können, lohnt sich ein kurzer Blick in die Modellwerkstatt.

Da fällt zunächst der Satz des Biologen Humberto Maturana ins Auge: *„Alles, was gesagt wird, wird von einem Beobachter gesagt.“* (Maturana und Varela 1990). Er führt uns direkt in ein Dilemma. Natürlich kennen wir alle das Sprichwort, dass alles im Auge des Betrachters liegt, d. h. dass es darauf ankommt, wer etwas sieht, um zu wissen, was dieser jemand sieht. Aber andererseits verlassen wir uns Tausend Mal am Tag darauf, dass das, was wir mit unseren Sinnen wahrnehmen, auch die Realität ist. Wie könnten wir sonst bei Grün über die Straße gehen, einem Vortrag lauschen und daraus etwas lernen – genauso wie beim Lesen dieses Buches – oder eine wunderbare handwerkliche Arbeit fertigen, wenn wir uns nicht darauf verlassen können, dass das, was wir wahrnehmen und beobachten, auch genauso existiert?

Aber bereits seit Platons Apologie wissen wir ja auch, dass wir nichts wissen. Was können wir dann überhaupt noch sicher wissen? Wo nehmen wir dann Gewissheit her? Wie können wir dann noch sinnvoll handeln, ohne den Karren vor die Wand zu fahren?

Der Satz Maturanas klingt scheinbar harmlos, zieht uns aber den (vermeintlich) sicheren Boden unter den Füßen weg. Das ist keine kommode Situation für Führungskräfte, aus der Fritz Simon (2006) aber einen Ausweg weist, wenn sich diese Führungskräfte auf Kooperation einlassen. Wenn wir in Rechnung stellen,

> [...] dass jede Aussage zu einem guten Teil von der Perspektive des Beobachters, seinen Wahrnehmungsfähigkeiten, Scheuklappen, blinden Flecken, Interessen und Vorerfahrungen bestimmt ist, dann ist die Objektivität von Aussagen über die Welt im besten Fall als Ergebnis der Einigung unterschiedlicher Beobachter [...] vorstellbar.

3.1.3 Unterschiede, die einen Unterschied machen

Wenn Wandel normal ist, Trendbrüche und die Ungewissheit zunehmen, dann müssen Führungsteams heute ein neues Denken entwickeln, ein Denken im sowohl als auch. Das ist ähnlich wie bei einem Kipp-Bild: Wir sind uns bewusst, dass wir als „Beobachter", die wir nun mal sind, meist nur eine Seite eines Problems zu Gesicht bekommen und dabei zwangsläufig anderes ausschließen.

Das Bild „Meine Frau und meine Schwiegermutter" des Cartoonisten William Ely Hill ist eine der bekanntesten Kippfiguren (Abb. 3.3). Wir können zwei verschiedene Motive in dem Punktmuster, aus dem das Bild gebildet wird, erkennen: Einmal eine alte Frau mit großer Nase und leicht geöffnetem Mund, die nach links unten blickt. Gleichzeitig ist auch eine schwarzhaarige junge Frau, die ihren Kopf nach hinten links abwendet und einen weißen Schleier sowie ein dunkles Halsband trägt, zu erkennen. Wenn Sie das Bild eine Weile betrachten, werden Sie bemerken, dass unser Wahrnehmungssystem irgendwann autonom zwischen den beiden Möglichkeiten hin- und herschalten kann. Dies ist genau dann der Fall, wenn Sie den Unterschied zwischen den beiden Frauen bemerkt haben – so funktioniert die Wahrnehmung: Sie arbeitet entlang der Unterschiede. Gregory Bateston (1979) formuliert es so:

Abb. 3.3 Kipp-Bild „Meine Frau und meine Schwiegermutter“

> Jede Informationsaufnahme ist die Aufnahme einer Nachricht von einem Unterschied. [...] Informationen bestehen aus Unterschieden, die einen Unterschied machen. Wenn ich die Aufmerksamkeit auf den Unterschied zwischen der Kreide und einem Stück Käse richte, werden Sie durch diesen Unterschied beeinflusst, indem Sie es vielleicht unterlassen, die Kreide zu essen, oder dies vielleicht probieren, um meine Behauptung zu verifizieren.

Was bedeutet das nun für die Kooperation im Führungsteam? Sehr viel, denn wenn keine Unterschiede vorhanden sind, kann nichts wahrgenommen werden. Wenn Sie wirksam Probleme ansprechen, sinnvolle Lösungen erörtern, denkbare Alternativen bewerten und dann auch nachhaltige Entscheidungen treffen möchten, müssen Sie in die Kommunikation im Führungsteam einen Unterschied einführen, der für das Team einen Unterschied macht!

Der kurze Blick in die Modellwerkstatt zeigt uns, dass eine effektive Kooperation im Führungsteam kein triviales Unterfangen ist. Unterschiedliche Wahrnehmungen, die alle ihren individuellen „Wahrheitsgehalt“ haben, erfordern – bei gleichzeitiger Abwesenheit von objektiven Wahrheiten, auf die immer Verlass wäre–eine neue, gemeinsame Arbeitsorientierung: Sie müssen „mindful“ für Unterschiede sein.

- Nur wenn Unterschiede, die einen Unterschied machen, und die differenzierte Beobachtung aller Mitglieder in das Führungsteam eingeführt werden, kann wirksame Führungskommunikation entstehen.

3.2 Die Strategie: Mindfulness als kulturelles Leitbild

Mindfulness, ein Begriff, den die beiden Autoren Weick und Sutcliffe (2007) in die Führungslehre eingebracht haben, wird mit „Achtsamkeit" leider nur unzureichend übersetzt, denn Mindfulness ist sowohl eine innere Einstellung als auch ein Führungsverhalten, das von folgenden Prinzipien geleitet wird:

- Fördern Sie die Wahrnehmung von Unterschieden und tiefen (Double Loop) Reflexionsschleifen.
- Begrüßen Sie Fehler als Informationsquelle, statt sie als ungeliebte Begleiterscheinung menschlichen Handelns wegzuschieben.
- Trauen Sie Hypothesen, Szenarien und offenen Fragen genauso viel Problemlösungskompetenz zu wie schnellen Erklärungen, unumstößlichen Tatsachen und allgemeingültigen Naturgesetzen.
- Pflegen Sie flexible Formen der Planung und Entscheidungsfindung, auch und gerade, wenn es „eng und stressig" wird.

Über den ersten Punkt der Wahrnehmung von Unterschieden und die tiefen Reflexionsschleifen haben Sie in diesem Kapitel schon einiges erfahren. Daher will ich jetzt auf die weiteren drei Punkte eingehen.

3.2.1 Begrüßen Sie Fehler als Informationsquelle

statt sie als ungeliebte Begleiterscheinung menschlichen Handelns wegzuschieben. Allzu oft werden Fehler und unerwartete Ereignisse mit dem Satz, dass Menschen eben Fehler machen, abgetan. Damit verbauen sich viele Führungsteams die Chance, ihre Effektivität zu erhöhen. Denn ein Führungsteam wird sich nur dann positiv entwickeln, wenn es Feedback sucht, konkrete Informationen austauscht, um Hilfe bittet und sein bisheriges Handeln laufend auf den Prüfstand stellt. Wann sollte dies besser gelingen, als bei der Analyse eines Fehlers?

Seien Sie also froh, wenn Sie einen schlechten Tag hatten, genauso wie wenn Sie einen erfolgreichen Tag hatten. Denn dann können Sie genießen, wenn alles gut läuft, ohne in die typische „Stein der Weisen"-Erfolgsfalle zu tappen: Der Erfolg schränkt die Wahrnehmung so ein, dass das Team den Eindruck hat, nun endlich den einzigen, richtigen Weg (= Stein der Weisen) zu kennen.

Effektive Führungsteams motivieren sich und ihr Umfeld dazu, Fehler zu melden, weil sie sie als Fenster für den Blick auf den Zustand der gesamten Organisation verstehen. Pannen werden als Möglichkeit gesehen, etwas über das Funktionieren der Organisation zu lernen und vereinfachenden Erklärungen nach dem Motto „das ist nicht neu, das hatten wir schon" auf den Grund zu gehen. Sie folgen einer neugierigen und aufmerksamen „Schau mal hier"-Haltung, statt sich mit einem „Läuft doch alles" zufriedenzugeben. So etablieren sie Umgangsformen, die den stabilen Prozessen und eingespielten Abläufen systematisch misstrauen, damit sie in Zukunft auch unerwartete Situationen und rasche Marktänderungen gut bewältigen können.

3.2.2 Trauen Sie Hypothesen, Szenarien und offenen Fragen

genauso viel Problemlösungskompetenz zu wie schnellen Erklärungen, unumstößlichen Tatsachen und allgemeingültigen Naturgesetzen, lautet der dritte Kernpunkt einer Mindfulness Kultur.

Führungsteams arbeiten in einem mannigfaltigen, komplexen Umfeld an oft komplizierten Themenstellungen und brauchen deshalb vielfältige Methoden, um Themen produktiv bearbeiten zu können. Eindeutigkeit und Einfachheit, die nach dem Motto „erklären Sie es mir, als sei ich acht Jahre alt" immer wieder von Managern eingefordert werden, führt dagegen zu blinden Flecken in der Themenbearbeitung und Ineffektivität. Einfache Erklärungen, Tatsachen und grundlegende Wahrheiten führen fast immer zu eingeschränkter Wahrnehmung, bei der die produktiven Unterschiede verloren gehen. Führungsteams, die mit einem gering entwickelten Sensorium an Themen herangehen, werden wichtige Hinweise übersehen und Widersprüche vorschnell übergehen, weil sie sich gar nicht vorstellen können, dass es auch anders sein könnte. Sie tappen in die „Stein der Weisen"-Falle.

Durch jahrzehntelanges Training in Managementmethoden, die streng nach dem Motto „auf jeden (Problem) Topf passt ein (Methoden) Deckel" gestaltet sind, haben viele Führungskräfte heute die Tendenz, wie ein pawlowscher Hund in eingleisigen Wenn-dann-Mustern auf Neuigkeiten zu reagieren. Das ist verständlich, denn von erfolgreichen Managern wird schnelles, zielgerichtetes und konsequentes Handeln gefordert, und sie erwarten es auch von sich selbst. Aber offensichtlich gibt es Grenzen dieser Weltsicht, mit denen Führungskräfte immer häufiger in Form von Trendbrüchen, Finanz- und Währungskrisen, radikalen Marktänderungen und Extremsituationen in Berührung kommen. Wilhelm Backhausen (2009) spricht in diesem Zusammenhang gar von der Vertreibung aus dem Paradies der schönen, linearen Verhältnisse von Ursache und Wirkung.

Wirksame Führungsteams halten ihre Kreativität und Fantasie demgegenüber hoch, indem sie sich bei ihren Treffen Zeit nehmen, Szenarien zu simulieren, mehreren Hypothesen nachzugehen und dabei kein Blatt vor den Mund nehmen.

3.2.3 Pflegen Sie flexible Formen der Planung und Entscheidungsfindung

auch und gerade, wenn es „eng und stressig" wird. Gerade in Situationen der emotionalen Anspannung und von Zeit- und Entscheidungsdruck greifen Führungsteams leider meist auf die gelernten Simplify-Muster und hierarchische Autorität zurück. Die Mechanismen, mit denen die meisten Unternehmen der letzten Finanz- und Wirtschaftskrise begegneten, waren altbekannt: Kostenreduktion, Zentralisierung, Verschlankung der Entscheidungsebenen und Investition in neue Controlling Tools. Wer hat eigentlich sofort und mit ganzer Aufmerksamkeit über alternative Marktpositionen, neue Strategien oder neue Portfolios nachgedacht?

Flexible Planung und Entscheidungsprozesse, die die unentscheidbaren Entscheidungen in das Zentrum rücken, wie ich sie Ihnen in Kap. 2 vorgestellt habe, bieten für ambitionierte Führungsteams da einen Unterschied an, der einen Unterschied macht!

3.2.4 Mindfulness lernen

Mindfulness als kulturelles Leitprinzip bedeutet, dass man sich mit seiner Lernangst auseinandersetzt. Ed Schein (2002) hat zu Recht darauf hingewiesen, dass in einer Situation, in der sich kulturelle Elemente verfestigt haben, eine erfolgreiche Veränderung kompliziert und langwierig ist. Alte Überzeugungen, Einstellungen, Werte und Annahmen müssen verlernt und neue erlernt werden. Verlernen ist oft unangenehm und ruft manchmal Ängste hervor.

Man kann Führungskräfte zwar häufig dazu bewegen, ihr gezeigtes Verhalten/ihre „öffentliche Person" zu verändern, stabil sind diese Verhaltensänderungen aber erst dann, wenn auf einer tieferen Ebene eine wirkliche Änderung der Einstellung und Überzeugung eingetreten ist. Denn Menschen tendieren selbstverständlich zur Bewahrung des stabilen Zustandes, in dem sie sich wohlfühlen (sog.

Komfortzone). Veränderung bedeutet für ein Team aus Führungskräften also eine Störung des Gleichgewichts durch neue Kräfte. Jede Veränderung beginnt daher mit der „Auflockerung“ oder „Störung“ des Bestehenden, die die Veränderungsnotwendigkeit deutlich herausarbeitet. Wenn die Notwendigkeit der Veränderung einmal erkannt ist, also die neuen Daten nicht mehr geleugnet oder abgewehrt werden können, entstehen nach Ed Schein die sog. Überlebensangst bzw. das Schuldgefühl, warum man sich nicht schon viel früher aktiv verändert hat. Erst jetzt wird es als zwingend notwendig angesehen, dass eine Veränderung eintritt!

In dem Augenblick, in dem eingesehen wird, dass alte Denkmuster und Gewohnheiten aufgegeben und neue gelernt werden müssen, entsteht nach Scheins Theorie aber auch Lernangst, d. h. Angst

- vor vorübergehender Inkompetenz (denn das Neue kann ich ja noch nicht gut) und wegen dieser Inkompetenz bestraft zu werden.
- vor dem Verlust der persönlichen Identität (wenn ich es nicht lernen kann oder werde).
- vor dem Verlust der Gruppenzugehörigkeit (weil ich nicht mehr nützlich bin, wenn ich es nicht lerne).

Je höher das Niveau ist, das die Lernangst erreicht, desto heftiger werden die Abwehrreaktionen, Ausreden und Widerstand. Diese Reaktionen verlaufen meist in drei Stufen:

1. Verleugnung (alles sei nicht stichhaltig, würde so nicht eintreffen bzw. hätten wir alles schon erlebt).
2. Einen Sündenbock suchen bzw. die Verantwortung abwälzen und ausweichen (jemand anderer sei schuld, das gelte nicht für uns, zunächst müssten sich die anderen verändern).
3. Feilschen (wenn ich mich schon ändern muss, dann will ich dafür entschädigt werden und langfristige Vorteile haben).

Wichtig ist es, an dieser Stelle anzumerken, dass Ed Scheins Konzept der Lern- oder Überlebensangst hier nicht als therapeutisches Problem verstanden wird, sondern als „natürliche“ Energiequelle, die jeder Mensch in sich trägt. Er hat also ein Verständnis von Angst als Schutzreflex vor Bedrohung, der eine sinnvolle Handlung auslöst (z. B. bei Feuer zu fliehen).

Sobald der Zwang zur Veränderung deutlich geworden ist, setzt die aktive Führungsteamentwicklung ein. Dazu ist notwendig, dass sich die Überlebensangst und die Lernangst so verringern können, dass die Betroffenen hin zu einem Prozess des konzentrierten und zielgerichteten Arbeitens, also Double Loop Learning, kommen. Diese Verringerung der Angst und Zunahme der Handlungskompetenz geschieht, wenn drei Prinzipien erfüllt sind:

1. Die Überlebensangst ist größer als die Lernangst.
2. Ein verbindlicher Prozess von der Managementrunde zum Führungsteam wird begonnen und offen kommuniziert.
3. Dieser Prozess schafft psychologische Sicherheit bei den Beteiligten, indem er die Lernangst durch konkrete Maßnahmen verringert.

So schwenkt die Führungsteamentwicklung auf einen Pfad ein, in dem eine Vielzahl abgestimmter Maßnahmen das reflexive Lernen ermöglicht und die notwendigen Kompetenzen bildet. Die Lernangst geht zurück, neue Wege werden beschritten, und in der Folge weicht auch der Veränderungsdruck/die Überlebensangst dem mutigen und seemännisch gelassenen Blick nach vorn.

Die in diesem Buch gezeigten Schritte fördern die psychologische Sicherheit auf dem Weg zur Mindfulness, weil sie durch ihre Struktur und die Vermittlung des zu Lernenden einen transparenten Masterplan (siehe Kap. 7) schaffen, der unter professioneller Moderation die Lernangst verringert.

- Mindfulness, ein Konzept aus den vier grundlegenden Verhaltensprinzipien Förderung der Wahrnehmung von Unterschieden und Reflexionsschleifen, Begrüßen von Fehlern als Informationsquelle, Vertrauen zu Hypothesen, Szenarien und offenen Fragen und dem Pflegen von flexiblen Formen der Planung und Entscheidungsfindung, ist die Grundlage für die notwendige kulturelle Veränderung hin zu einem effektiven Führungsteam.

3.3 Die Haltung: Widerstände nutzen, denn sie zeigen Energie

Bereits in Kap. 1 war von dem „Naturgesetz" einer Führungsteamentwicklung die Rede: Wenn sich Führungskräfte zu einem Führungsteam zusammenfinden wollen, ist das nicht reibungsfrei, d. h., dieses Team wird auch immer mit dem Phänomen des Widerstandes konfrontiert sein. „Es gibt keine Veränderung ohne Widerstand" formulierten es treffend Doppler und Lauterburg (2008) in ihrem Klassiker „Change Management". Es ist also ganz normal, wenn sich im Laufe des Prozesses Reibungen zeigen. Denn durch das Einlassen auf ein gemeinsames Führungsteam gibt jede Führungskraft ein Stück ihrer Autonomie auf, sorgt sich um ihre Interessen und fürchtet Macht- und Einflussverlust.

Misstrauisch sollten Sie vielmehr sein, wenn es auf Ihrem Weg von der Managementrunde zum Führungsteam keine Widerstände gibt. Nicht das Auftreten von Widerständen, sondern deren Ausbleiben ist Anlass zur Beunruhigung – denn Widerstand zeigt, dass es um etwas Wesentliches geht, das im Unternehmen auf Interesse stößt. Fehlen die Widerstände, müssen Sie befürchten, dass Ihr Projekt, ein wirksames Führungsteam zu implementieren, unwichtig ist – oder dass von vornherein niemand an dessen Realisierung glaubt.

3.3.1 Die Gründe für Widerstand liegen im emotionalen Bereich

Wenn Menschen sich gegen etwas Sinnvolles oder sogar Notwendiges sträuben, drücken sie damit in aller Regel Bedenken, Befürchtungen oder Ängste aus; die Ursachen dieser Widerstände liegen also im emotionalen Bereich. Wenn Sie das nicht zur Sprache bringen, kommt es zu Blockaden. So werden Teammitglieder, anstatt motiviert an ihren Aufgaben zu arbeiten, Termine nicht mehr einhalten, sachfremde Diskussionen vom Zaun brechen oder Probleme sehen, die angeblich die Führungsteamentwicklung obsolet machen. Die einzelnen Führungskräfte artikulieren damit zwar einen Änderungsbedarf, sind aber meist nicht in der Lage oder willens, diesen Änderungsbedarf konkret zu formulieren. Die Folge ist, dass dann die Führungsteamentwicklung nur noch zäh oder gar nicht mehr vorankommt.

Treten Widerstände auf, wählen die Management-Techniker im Maschinenraum häufig den Weg, den Zeit- und Aufgabendruck zu erhöhen – was am Ende den Gegendruck nur noch verstärkt. Notwendig wäre stattdessen eine Führung, die von Mindfulness geprägt ist und die eine Denkpause einlegt.

Die hohe Kunst der Führung liegt nicht darin, den Widerstand zu bekämpfen oder ihn gar brechen zu wollen. Vielmehr wird ein gutes Führungsteam einen Weg finden, den Widerstand für das gemeinsame Vorhaben zu nutzen: Es nimmt die unterschwellige emotionale Energie, die Menschen zum Widerstand antreibt, ernst und versteht es, diese Energie sinnvoll zu kanalisieren. Hierbei kommt es vor allem auf drei Verhaltensweisen an:

1. die Antennen ausfahren (in Dialog treten, Ursachen erforschen),
2. den Druck wegnehmen (dem Widerstand Raum geben) und damit
3. die Energie umpolen.

	verbal (Reden)	*non-verbal* (Verhalten)
aktiv (Angriff)	Widerspruch Gegenargumentation Vorwürfe Drohungen Polemik	Aufregung Unruhe Streit Intrigen Gerüchte, Cliquen
passiv (Flucht)	Ausweichen Schweigen Bagatellisieren Blödeln Ins Lächerliche ziehen	Lustlosigkeit Unaufmerksamkeit Müdigkeit Fernbleiben Innere Kündigung

Abb. 3.4 Wie sich Widerstand zeigt (Doppler, Lauterburg (2008))

3.3.2 Die Antennen ausfahren und Druck wegnehmen

Widerstand ist ein Verhaltensphänomen, das in der Regel nicht offen und explizit zutage tritt, sondern sich verdeckt und indirekt zeigt. Eine Führungskraft, die mit der Aussage „ich empfinde Widerstand“ auftritt, ist sehr selten. Häufiger zeigt sich der Widerstand an Symptomen, die auch anderen Ursachen zugeordnet werden können. Abbildung 3.4 benennt die am häufigsten vorkommenden Erscheinungen.

Wenn Sie in Ihrem Team oder auch im Umfeld solche Symptome bemerken, sollten Sie weiterforschen: Wo liegen die Ursachen? Versetzt man sich in die Lage der Betroffenen, ist es meist gar nicht so schwer, die Gründe zu finden. Überlegen Sie, welche der drei folgenden Mechanismen im konkreten Fall greifen:

1. Der oder die Betroffenen haben die Ziele, Hintergründe oder Motive einer Maßnahme nicht verstanden.

2. Die Betroffenen haben verstanden, worum es geht, aber sie glauben nicht, was man ihnen sagt.
3. Die Betroffenen haben verstanden und glauben auch, was gesagt wird – aber sie wollen oder können nicht mitgehen, weil sie sich von den vorgesehenen Maßnahmen keine positiven Konsequenzen versprechen.

Der erste Fall kann gut durch offene Fragen diagnostiziert werden. Die Ursache „Nicht-Verstanden" zeigt, dass der Gesprächspartner für einen Dialog aufgeschlossen und auf der Argumentationsebene gut zu erreichen ist (mehr dazu im nächsten Kapitel). Doch Vorsicht: Wiederholen Sie jetzt nicht einfach die Argumentation, die schon früher nicht verstanden wurde. Empfehlenswert ist hier die Technik des aktiven Zuhörens, in der Ihr Gesprächspartner Ihnen erläutert, was er verstanden hat und was ihm noch fehlt. Genau auf diese Punkte können Sie dann mit veränderten Argumenten und zusätzlichen Informationen eingehen – und damit den Druck aus der Situation nehmen.

Schwieriger ist der zweite Fall. Wenn eine Führungskraft die Glaubwürdigkeit der Entwicklung von der Managementrunde zum Führungsteam anzweifelt, sind alle Team-Mitglieder mit ihrer ganzen Persönlichkeit und seemännischen Gelassenheit gefragt. Entscheidend kommt es jetzt auf die Stimmigkeit von Sagen und Handeln an. Wenn Sie die in Kap. 1 und 2 vorgestellten Konzepte zur Rollenklärung und flexiblen Planung durchlaufen haben, unterstützt dies Ihre persönliche Glaubwürdigkeit und Ihre überzeugende Kooperationsfähigkeit allerdings sehr!

Bleiben die Widerstands-Symptome dennoch bestehen oder verhärten sich sogar, liegt häufig die dritte Ursache vor: Die Person befürchtet durch das Projekt „Führungsteam- Entwicklung" persönliche „negative Konsequenzen". Dieser Fall (der zunächst im Dialog sorgfältig diagnostiziert werden sollte) stellt die Führungsteamentwicklung im Vergleich zu Fall 1 und Fall 2 vor die größten Probleme. Stabile negative Erwartungen können nämlich weder durch zusätzliche Erklärungen noch durch stimmiges und glaubwürdiges Kooperationsverhalten aus der Welt geschafft werden.

In solchen Situationen empfehle ich, in den Modus des aktiven Handelns und Vorlebens zu wechseln: Es kommt darauf an, nun weniger durch Gespräche als durch Taten Überzeugungsarbeit zu leisten. Dann können die Beteiligten (im wahrsten Wortsinn) begreifen, um was es geht – und ihre negativen Erwartungen revidieren, die sie durch den Weg hin zum Führungsteam befürchten. Konkret bedeutet das: Die überzeugten Führungskräfte gehen mit der Teamentwicklung voran und achten darauf, Ergebnisse herausstellen, die von den Beteiligten als positiv erlebt werden. Als Gruppe der Willigen setzen sie durch ihre veränderte Kooperation Zeichen und verändern z. B. den Planungsprozess in ihrem Einflussbereich in Richtung einer flexiblen Planung, so wie sie in Kap. 2 vorgeschlagen wird. Auf diese Weise wird den widerständigen Kollegen das unangenehme Gefühl genommen, dass sie erst zwei bis drei Jahre warten müssen, bis ein Führungsteam für sie vielleicht einmal eine positive Konsequenz hat. Stattdessen erkennen sie sehr schnell, dass sich die Kooperation in einem Führungsteam auch für sie positiv auswirken kann.

Man sollte sich noch einmal klarmachen, dass dieser dritte Fall (bei dem jemand persönliche negative Konsequenzen befürchtet) schnell eintreten kann. Wie bereits herausgestellt, berührt die Veränderung, von einer Managementrunde hin zu einem Führungsteam zu kommen bzw. zum ersten Mal überhaupt eine Kooperation an der Spitze zu installieren, Arbeits- und Denkhaltungen ebenso wie das Selbstverständnis von Rolle und Funktion. Gerade in der Anfangszeit entstehen hierdurch oft große Unsicherheiten, weil der Verlust der alten Struktur offenbar ist, aber der Gewinn des Neuen noch unklar bleibt.

3.3.3 Die Energie umpolen und nutzen

Erfahrene Führungsteams wissen, dass im Auftreten von Widerstand auch die Chance liegt, die betreffende Person oder Gruppe auf der Motivationsebene, das heißt im Gespräch, zu erreichen.

So äußerte ein Bereichsleiter im in Kap. 1 vorgestellten Workshop zur Rollenklärung beim Blick auf die zu kommunizierenden Veränderungen im Rollenverständnis und -verhalten: „*Wenn wir das jetzt lostreten, halten die uns alle für psychisch krank und wir verlieren die Leute.*" Der spontane Versuch seiner Bereichsleiter-Kollegen, die sich mit ihm zusammen auf den Weg zu einem Geschäftsbereichs-Leitungsteam gemacht hatten, ihn durch gutes Zureden zu überzeugen, scheiterte. Im Gegenteil, der Widerstand verhärtete sich sogar und gipfelte in seinem Statement: „*Wir reden ohnehin viel zu viel und machen draußen in der Firma zu wenig. Kunden bezahlen uns für unsere Produkte und nicht für gute Stimmung in der Führungsetage.*" Wir unterbrachen dann den Workshop-Ablauf mit einem Dialog-Spaziergang, für den sich der Bereichsleiter einen Kollegen seines Vertrauens und mich ausgesucht hatte. Im Gesprächsverlauf schmolz der Widerstand und die bedrohten Interessen kamen ans Licht: So fürchtete der Bereichsleiter, den veränderten Anforderungen an sein Verhalten auf der Führungsteam-Brücke nicht zu genügen. Sein Selbstbewusstsein und sein Einfluss im Unternehmen beruhten nämlich auf seinen fachlichen Kompetenzen und überzeugenden Agieren im Maschinenraum der Management-Technik. Als er dies auch den anderen Kollegen mitteilte, besprachen wir, wie diese nachvollziehbaren Interessen auch in der neuen Struktur eines Geschäftsbereichs-Leitungsteams Platz finden konnten.

Widerstand ist eine kraftvolle Reaktion, bei der sich jemand mit dem Thema aktiv auseinandersetzt und das „Dagegen" mobilisiert. Widerstand ist meist kein plumpes Verweigern, sondern die aktive Handlung, den vorgeschlagenen Weg nicht mit voller Kraft und Aufmerksamkeit zu gehen. Es ist also gar nicht notwendig, jemanden aus seiner Agonie zu holen, ihn zu begeistern oder mitzureißen. Die Erfolgsaussichten, dieser „Motivation durch Zug“ sind ohnehin gering, und die Kollegen immer wieder mitzuziehen, ist sehr anstrengend.

Wenn aber jemand Energie mobilisiert, etwas nicht zu tun, ist dies fast immer eine versteckte „Aufforderung zum Tanz“. Das Beispiel des Bereichsleiters, der die Entwertung seiner fachlichen Kompetenz fürchtete, macht deutlich, dass das Zeigen von Widerstand eigentlich ein Gesprächsangebot ist, das nur nicht offen geäußert wird. Sollte das Führungsteam diese Botschaft nicht erkennen, drohen echte Blockaden. Sie kennen das sicher: Wenn sich jemand mit seinen Anmerkungen und Befürchtungen nicht ernst genommen fühlt, greift er oft zum Mittel der Eskalation, d. h., er wird seinen Widerstand so lange immer lauter und deutlicher formulieren, bis er genügend Beachtung erfährt.

Wer aber die Antennen ausfährt und die drei Formen des Widerstandes wie eben beschrieben durchdekliniert, wird die verschlüsselte Botschaft früh erkennen und im Dialog den Führungskollegen im Teamentwicklungsprozess weiter mitnehmen. So wird die in den Widerstand fließende Energie von Zug auf Schub „umgepolt“ und für die Entwicklung des Führungsteams nutzbar gemacht.

► Das Auftreten von Widerständen ist ein sicheres Zeichen, dass das Führungsteam auf einem guten Weg ist. Wer diese Widerstände nutzt, statt sie zu brechen, mobilisiert viel nützliche Energie.

Literatur

Adler, N.: International dimensions of Organizational Behaviour. Cengage Learning, Boston (2008)

Argyris, C., Schön, D. A.: Organizational Learning: A Theory of Action Perspective. Addison-Wesley (1978)

Backhausen, W.: Management 2. Ordnung. Gabler, Wiesbaden (2009)

Bateston, G.: Geist und Natur. Frankfurt a. M. (1979)

Doppler, K., Lauterburg, C.: Change Management. Frankfurt a. M. (2008)

Lotter, W.: New Deal – Brandeins. (09/2013)
Maturana, R. M., Varela, F. J.: Der Baum der Erkenntnis. Goldmann Verlag, Frankfurt a. M. (1990)
Schein, E.: The Anxiety of Learning—The Darker Side of Organizational Learning. Harvard Bus. Rev. **3**, (2002)
Simon, F. B.: Einführung in Systemtheorie und Konstruktivismus. Carl Auer Verlag, Heidelberg (2006)
Weick, K. E., Sutcliffe, K. M.: Das Unerwartete Managen. Klett-Cotta, Stuttgart (2007)

4 Alpha-Tiere unter sich: Macht und Einfluss ausbalancieren

Zusammenfassung

Gerade Führungsteams zeichnen sich dadurch aus, dass dort Personen mit einem hohen Anspruch und starken Willen zusammenkommen, ihre Interessen zur Geltung zu bringen. Es versteht sich von selbst, dass in einem solchen Umfeld nicht alles „fair" geklärt, sondern vieles „machtpolitisch" in der Schwebe gehalten werden muss. Doch damit ist nicht plumpes Vertagen von heiklen Themen auf später oder in Hinterzimmer gemeint, sondern ein transparenter Umgang mit den verschiedenen Interessen im Team. Dazu ist der Aufbau einer neuen Qualität von Vertrauen notwendig, das den Mut braucht, sich persönlich zu öffnen.

Der gelassene Umgang mit Macht und Autorität ist für ein wirksames Führungsteam unabdingbar. Die höhere Qualität von Führungsteams gegenüber Einzelpersonen zeigt sich gerade, wenn die Führungskräfte regelmäßig gemeinsame Reflexionsschleifen durchlaufen und so dysfunktionales Autoritätsgehabe und die dunkle Seite der Macht in ihrem Verhalten effektiv steuern lernen. Deshalb ist es wichtig, mit den im Team vorhandenen Macht- und Einflussdifferenzen nicht Spielchen zu treiben, sondern einen verbindlichen Umgang zu verabreden. „Heikles" wird dann endlich in gemeinsamem Dialog statt in bilateralen Hintergrundgesprächen besprochen. Echte Gegensätze werden so zugespitzt, dass sie mit Wertschätzung und Würdigung der Leistung des anderen ausgetragen werden.

O. Hinz, *Das Führungsteam*, DOI 10.1007/978-3-658-03891-5_4,

4.1 Der Zugang: Macht und Einfluss offenlegen

Kaum ein Thema wird in der Führungslehre und -ausbildung so zurückhaltend behandelt wie das Thema „Macht". Ein erster, unverstellter Blick auf das Thema Führung und seine Einflussfaktoren wird jedoch ergeben: Macht auszuüben und Einfluss zu nehmen, sind wesentliche Bestandteile wirksamen Führungsverhaltens. Wenn wir etwas über das Machtthema erfahren, dann meist nur in Verbindung mit seinem Missbrauch für persönliche Interessen oder zur Durchsetzung unethischen Verhaltens.

Gewissermaßen als Gegenbewegung zu diesen Phänomenen sind in den letzten 30 Jahren andere Konzepte auf den Markt gekommen: Antiautorität, Empowerment, agile Methoden oder die bereits zuvor genannten authentischen Ideen erwecken den Eindruck, dass Führung nichts mehr mit der machtvollen Beeinflussung von Mitarbeitern zu tun habe. Dadurch, dass die Macht nach unten und in „selbststeuernde Teams" abgegeben würde, verbesserten sich letztlich Arbeitsqualität und Unternehmenserfolg.

Aber macht dies Führung an der Spitze obsolet, weil wir es nur noch mit autonomen Einheiten zu tun haben, die selbst die Aufgabe der Kontextführung übernehmen?

Ich denke, nein! Zu führen bedeutet auch, Menschen im Sinne der Kontextführung zu beeinflussen, damit diese etwas tun oder unterlassen, was sie von sich aus nicht angeboten hätten. Gleichzeitig ist die Zeit der einsamen Helden an der Spitze, also derer mit uneingeschränkter Macht, mit hoher Autorität und streng hierarchischem Führungsverhalten, vorbei. Solche Führungskulturen sterben aus. Statt also weiter den Stein der Weisen „richtiger" Führung zu suchen und weiterhin zwischen den Polen machtvoll – machtlos, autoritär – antiautoritär und beeinflussen – gewähren zu pendeln, plädiere ich auch für ein konsequentes sowohl als auch. Nötig ist ein sinnvolles Quantum an Macht und Einfluss, das Führungskräfte wirksamer werden und Organisationen produktiver arbeiten lässt.

4.1.1 Macht führt

Führungskräfte müssen auf ihre Umwelt Einfluss nehmen, um ihre Ziele zu erreichen. Denn nur wenn sich die Dinge von selbst fügen würden, bräuchte es keinen Einfluss von außen. Dies ist bei den allermeisten Organisationen, die sich in Konkurrenz zu anderen Firmen und im Wettbewerb um Ressourcen befinden, aber leider nicht der Fall. Die Notwendigkeit, Ziele im Wettbewerb zu erreichen, braucht also die Fähigkeit, die Arbeitsteilung eines Unternehmens so auszurichten, dass alle Rädchen im Getriebe den Zielen dienen. Diese Fähigkeit verleiht Führungskräften eine nützliche Macht. Trotzdem wird das Thema„Umgang mit Macht" in den meisten Unternehmen tabuisiert, und im Umgang mit der ihnen verliehenen Macht sind viele Führungskräfte unsicher. Unter anderem, weil sie das aktive Nutzen ihrer Gestaltungs- und Entscheidungsmacht irrtümlich mit einem einsamen, allwissenden und autoritären Verhalten gleichsetzen. Deshalb scheuen sich zum Beispiel manche Führungskräfte, „wenn's brennt" und ein schnelles, entschlossenes Handeln nötig wäre, ihre Entscheidungsmacht zu nutzen. Die Folge: Ihre Mitarbeiter wissen nicht, was es zu tun gilt, und ihnen fehlen der nötige Halt und die gewünschte Orientierung.

Nicht erst seit Meister Yoda in „Star Wars" wissen wir, dass Macht nicht nur eine helle, sondern auch eine dunkle Seite hat. Ein Führungsverhalten, das die Kompetenz des Überzeugens, Argumentierens und Verhandelns nutzt, ist o. k. und liegt sicher auf der hellen Seite. Aber wenn Führungskräfte anfangen zu manipulieren, zu drohen und zu bestechen, dann nutzen sie das Potenzial der dunklen Seite. Für manche ist das Streben nach Macht sogar zu einem Selbstzweck geworden, d. h., sie nutzen sie nicht für Unternehmensziele, sondern um persönliche und psychologische Defizite zu kompensieren.

Die Lebenserfahrung lehrt uns leider, dass Führungskräfte, die die Techniken der dunklen Seite einsetzen, trotzdem als erfolgreich gelten und Führungskräfte werden oder bleiben. Dies ist vor allem in den Organisationen der Fall, die stark auf das Ergebnis schauen und am Weg dahin kein Interesse haben: Wichtig ist ihnen vor allem das Ergebnis. Die Lebenserfahrung lehrt uns aber ebenso, dass in Organisationen, die die dunkle Seite der Macht über einen längeren Zeitraum dulden, eine „Abstimmung mit den Füßen" einsetzt. Mitarbeiter, die sich unter Druck gesetzt und unfair behandelt fühlen, verlassen die Organisation. Die Unternehmensleistung sinkt, der Erfolg bleibt mittelfristig aus.

Wirksamen Führungsteams dagegen gelingt es, eine gesunde Machtausübung zum Nutzen des Unternehmens zu etablieren. Mit seemännischer Gelassenheit nutzen sie die Gestaltungs- und Entscheidungsmacht, die ihnen im Rahmen der Kontextführung zur Verfügung steht. Sie erörtern den Unterscheid zwischen sinnvoller Machtnutzung und autoritärem Verhalten beständig und führen so ein System der „Checks und Balances" als freiwillige Selbstkontrolle ein.

So vermeiden sie einseitiges Führungsverhalten. Sie dirigieren ihre Mitarbeiter dann eben nicht immer noch über Anweisungen und Vorgaben, wenn die Kompetenz und Erfahrung dieser Mitarbeiter schon hoch genug ist, den Weg zum Ziel selbst zu bestimmen. Genauso wird ein Laissez-faire-Führungsstil, der aus falsch verstandenem Empowerment nahezu alles ungefiltert und direkt an die Mitarbeiter durchleitet, vermieden.

In echten Dialogen gelingt es dem Führungsteam, die dunklen Seiten der Macht anzusprechen und dafür zu sorgen, dass sich alle Führungskräfte im Team zu Autoritäten, die die Macht produktiv nutzen, und nicht zu „autoritären Persönlichkeiten", die ihre Macht genießen, entwickeln.

4.1.2 Autorität beeinflusst

Schon immer ist es „natürlichen Autoritäten" gelungen, Menschen zu beeinflussen. Mahatma Gandhi, John F. Kennedy und Helmut

Schmidt sind dort ebenso Beispiele wie Lee Iaccoca, Steve Jobs oder Berthold Beitz. Es lohnt sich kurz zu beleuchten, wie eine solche Wirkung entsteht.

Grundsätzlich unterscheiden wir drei Arten der Autorität, die gemeinsam die Chance zur Beeinflussung eröffnen:

1. **Amtsautorität**, d. h. die Autorität, die sich aus der Position, Funktion, Hierarchieebene oder Stellung speist. Damit die Amtsautorität wirkt, muss die jeweilige Position mit einem Mindestmaß an Würde oder Ansehen versehen sein. Augenfällig wird Amtsautorität bei der Position des Papstes, eines Staatspräsidenten, der nicht nur repräsentative Funktionen hat, oder eines geschäftsführenden Gesellschafters.
2. **Fachautorität**, d. h. die Autorität, die sich aus der fachlichen Kenntnis und Expertise speist. Fachautorität ist der am weitesten verbreitete und für viele Führungskräfte wichtigste Transferriemen, um wirksam zu führen. Sie verstehen von der Sache viel oder gar mehr als die Mitarbeiter. Deshalb besetzt man Personalleiterpositionen mit Juristen, lässt erfolgreiche Verkäufer den Vertrieb leiten und macht den besten Entwickler zum Leiter der Forschungsabteilung.
3. **Personenautorität**, d. h. die Autorität, die sich aus der Wirkung des Menschen selbst speist. Da betritt jemand den Raum und plötzlich zieht er die Aufmerksamkeit auf sich. Führungskräften mit hoher Personenautorität hört man zu, einfach nur weil sie es sind. Häufig entsteht personale Autorität im Zusammenspiel mit hoher Amts- und Fachautorität, muss es aber nicht.

Alle drei Arten müssen zusammenkommen, wenn echte Autorität Ihr Führungsverhalten stärken soll. Die Überbetonung einer Autoritätsart bzw. Vernachlässigung einer anderen führt meist zu einem Abkippen der persönlichen Wirkung von wirksamer natürlicher Autorität in autoritäres Gehabe oder Fachidiotie. Mit ist z. B. der Abteilungsleiter in Erinnerung, der die fachlichen Bedenken seiner

Qualitätsmanager in einer Besprechung mit der Bemerkung „*solange ich an diesem Schreibtisch sitze, wird es nie vorkommen, dass …*“ vom Tisch wischte.

Für Führungsteams ist das Phänomen der „geliehenen Autorität“ attraktiv. Denn es ist typisch, dass einer Person nicht alle drei Autoritätsarten gleichmäßig zur Verfügung stehen. Dann leiht sie sich die fehlende Autorität, indem sie eine weitere Person hinzuzieht, die glaubwürdig eine Autorität in der Art verkörpert, die der Führungskraft selbst nicht zur Verfügung steht. Projektmanager kennen diesen Mechanismus nur zu gut. So wird der Entwicklungsingenieur, der als Projektleiter für eine Produktentwicklung die notwendigen Mitarbeiterressourcen im Unternehmen einwerben will, nicht nur allein von den neuen technischen Möglichkeiten sprechen. Wenn er mikropolitisch klug ist, wird er sich vorher auch der Unterstützung einer hierarchischen Führungskraft versichern, um mit Hilfe seiner Amtsautorität mehr Durchschlagskraft zu entwickeln.

Aber auch wenn Ihnen alle drei Arten – selbst oder geliehen – als Repertoire zur Verfügung stehen, stehen immer noch Fettnäpfchen im Weg. Denn wenn Führungskräfte ihre Autorität nicht in gelassenem Maße nutzen, wird das häufig zum Problem. Antiautoritäre Führungskräfte dringen nicht durch, verlieren Einfluss und gefährden stabile Strukturen, Überautoritäre Führungskräfte zeigen Machtmissbrauch und Ambiguitätsintoleranz.

Vielleicht erinnern Sie sich noch an das Milgram-Experiment, bei dem Probanden aufgefordert wurden, Personen im Nebenraum mit Stromstößen zu bestrafen. Oder Sie kennen den Film „Das Experiment“, in dem das wegweisende „Stanford Prision Experiment“ szenisch aufgearbeitet wurde: Studenten, die in die Rolle von Gefängniswärtern schlüpften, wurden binnen weniger Tage zu grausamen Tyrannen, während die Gefangenen – ebenfalls Studenten – so erheblich unter psychologischem Stress und der Drangsalierung durch die Wärter litten, dass das Experiment abgebrochen wurde.

Sowohl Stanley Milgram als auch Philip Zimbardo, der das Prison-Experiment wissenschaftlich begleitete, kamen zu ähnlichen

Schlussfolgerungen in Bezug auf die unheilvolle Wirkung von unreflektierter Autorität bzw. der dunklen Seite der Macht: Die Brutalität der Probanden und Wärter sei eine natürliche Konsequenz dessen, dass eine Autoritätsperson die Macht der Position spürt und sie übertrieben nutzt. Gesunde, „normale" Menschen würden hemmungslos, wenn sie sich unbedacht in die Position einfinden, die ihnen Autoritäten vorgeben.

Im Jahr 2006 wiederholten Alexander Haslam und Stephen Reicher (2011) das Gefängnisexperiment und machten ganz andere Beobachtungen. Auch wenn die Wärter anfangs versuchten, sich mittels ihrer Amtsautorität durchzusetzen, gingen die Gefangenen nicht in die Passivität. Sie hielten dem anfänglichen Druck stand, der sie eher als Gruppe zusammenschweißte. In der Folge gelang es ihnen sogar, den eher „weicheren" Wärtern Vergünstigungen abzutrotzen, bis sie schließlich einen Ausbruch wagten und Teile des Gefängnistraktes unter ihre Kontrolle brachten. Auch dieses Experiment wurde abgebrochen.

Haslam und Reicher folgerten, dass das „Nicht-Funktionieren" der Wärter durch einen Mangel an Struktur und klarer Zielsetzung ausgelöst wurde. Anfänglich wollten Wärter und Gefangene nämlich „gleichberechtigte" Strukturen aufbauen und nutzten allein den Verhandlungsweg. Als sich die Diskussionen aber hinzogen und keine eindeutigen Strukturen herausbildeten, wurden auf Seiten der Gefangenen Autoritätsfantasien geweckt, die sie in den kollektiven Aufstand umsetzten.

Alle Studien zeigen, dass Autorität nicht zwangsläufig in Tyrannei mündet und Macht nicht zwangsläufig korrumpiert. Es kommt auf die spezifischen Bedingungen und vor allem auf die Haltung jedes Einzelnen an. Menschen handeln nicht blind und per se autoritätsgläubig, sondern aktiv. Sie entscheiden sich, aus einer Überzeugung heraus zu handeln, nicht weil es Naturgesetz und zwangsläufig ist. Sie begehen die Tat, weil sie sich letztlich dafür entscheiden, nicht weil sie aufgrund des empfundenen Zwanges keine Alternative hatten.

Anders gesagt: Jeder ist für Autoritäts- und Machtmissbrauch zu einem Teil empfänglich, ihm zu erliegen ist aber eine freie Entscheidung (solange nicht die Androhung und Ausführung von erheblichem Zwang oder Gewalt im Spiel ist).

Was bedeutet das für ein Führungsteam? Wenn Sie Mindfulness durch Double Loop Learning leben wollen, machen Sie die Themen Macht und Autorität zum festen Bestandteil Ihrer Reflexion. Thematisieren Sie bewusst, ob jemand für eine Initiative die notwendige Autorität allein besitzt, oder ob es klug wäre, sich weitere Autoritätsarten im Team „zu leihen". Durchforsten Sie Ihr Entscheidungsverhalten nach autoritärem Gehabe, z. B. wenn Amts- und Fachautoritäten den Stein der Weisen beanspruchen. Seien Sie auf der Hut vor Phänomenen der dunklen Seite der Macht in Ihrer Gruppendynamik, z. B. wenn Härte im gegenseitigen Umgang eingefordert, Kriegsmetaphern genutzt und Handlanger und Sündenböcke gefragt sind. Genauso hellhörig sollten Sie werden, wenn „das Mitnehmen aller" und eine hohe Konsensorientierung zu Lasten der Teameffektivität und Ergebnisorientierung gehen.

Durch die Konfrontation mit den Themen Macht und Autorität stärkt jedes Teammitglied seine Personenautorität und sie alle gemeinsam verbessern ihre Wirkung durch ein ausgewogenes Verhältnis zwischen Amts-, Fach- und personaler Autorität.

Die folgenden Leitfragen zur hellen und dunklen Seite werden Ihnen bei der Reflexion helfen.

► Der gelassene Umgang mit Macht und Autorität ist für ein wirksames Führungsteam unabdingbar. Die höhere Qualität von Führungsteams gegenüber Einzelpersonen zeigt sich, wenn die Führungskräfte regelmäßig gemeinsame Reflexionsschleifen durchlaufen und so dysfunktionales Autoritätsgehabe und die dunkle Seite der Macht in ihrem Verhalten beherrschen lernen.

Wie steht es um die helle und dunkle Seite der Macht?

1. Haben wir Torwächter, d. h. Teammitglieder, die über die Richtigkeit einer Entscheidung abschließend befragt werden? Wer ist das und warum?
2. Kennen wir Menschen in unserer Organisation, die Angst vor uns oder unseren Entscheidungen haben? Warum haben die wohl diese Angst?
3. An welchen Stellen der Organisation sind Macht oder Einfluss konzentriert vorhanden? Ist das sinnvoll oder geht es auch anders?
4. Wie setzen wir unsere Initiativen in der Organisation durch? Welche Rolle spielen dann Einzelne, Untergruppen oder das ganze Führungsteam?
5. Wir achten darauf, dass wir unsere Mitarbeiter/unsere Organisation überzeugen und „mitnehmen". Das merken wir woran?
6. Welche Funktionen bzw. Entscheidungen haben wir an einer Stelle zentralisiert? Warum gerade diese Entscheidung/Funktion und warum gerade hier?
7. Unsere Mitarbeiter haben immer dann Ärger mit uns, wenn sie sich wie verhalten bzw. äußern?
8. Sündenböcke und Schuldige gibt es bei uns eigentlich nie, oder?
9. Wenn wir morgen die Organisation verlassen, wer wird die Rolle sofort erfolgreich ausfüllen? Wenn uns niemand einfällt, woran liegt das?
10. Welchen „Knopf muss man drücken", damit wir uns provoziert fühlen?

4.2 Der Weg: Vertrauen und heikle Dialoge

Im letzten Kapitel habe ich Ihnen die Notwendigkeit einer guten Behandlung von Unterschieden, Interessen und Widerstandsphänomenen ans Herz gelegt. Jetzt empfehle ich dazu noch die regelmäßige

Reflexion der Themen Macht und Autorität. Da drängt sich natürlich die Frage auf: Wie gelingt uns das im Führungsteam? Es beginnt damit, dass das notwendige Vertrauen im Führungsteam durch aktive Arbeit aufgebaut und durch wiederholte Anstrengungen auf hohem Niveau gehalten wird.

Selbstverständlich wissen wir, dass „Vertrauen der Anfang von allem ist", aber trotzdem erlebe ich immer noch Führungsteams, die davon ausgehen, dass am Beginn ihrer Zusammenarbeit ausreichendes Vertrauen „einfach da ist". Da wird die erste Zusammenkunft mit der Floskel „ich freue mich auf unsere vertrauensvolle Zusammenarbeit" begonnen, die wohl eher eine tapfere Hoffnung beinhaltet als eine realistische Situationsanalyse. Wenn Sie sich aber nicht nur tapfer, sondern auch klug auf den Weg von der Managementrunde zum Führungsteam machen wollen, gehen Sie besser von einem niedrigen „Level" an Vertrauen in der Startphase aus.

Denn mit wem Sie in Ihrer Organisation zusammenarbeiten, können Sie sich in der Regel nicht aussuchen. Da sind immer schon Kollegen da und „im Amt", andere kommen hinzu, werden aber in der Regel von Dritten (Führungskraft, Vorstand, Aufsichtsrat) ausgesucht. Sie arbeiten also in einem Führungsteam mit Menschen zusammen, die Sie sich als Kollegen nicht ausgesucht haben, sondern die sich aufgrund von Entscheidungen anderer Stakeholder so zusammenfinden. Da ist es klug anzunehmen, dass das Vertrauen für die Arbeit erst einmal aufgebaut werden muss.

4.2.1 Vertrauen erarbeiten[1]

Das „Gabler Wirtschaftslexikon" (2014) definiert Vertrauen als

> […] die Erwartung, nicht durch das Handeln anderer benachteiligt zu werden; als solches stellt es die unverzichtbare Grundlage jeder Kooperation dar.

[1] Für wertvolle Impulse zu diesem Abschnitt danke ich Dani Rey.

Damit diese Erwartung erfüllt wird und das Vertrauen entsteht, dass meine Kooperationspartner im Führungsteam integer und wohlwollend sind, braucht es einen Vertrauensvertrag. Wir kennen alle das Sprichwort, dass Vertrauen gut, aber Kontrolle besser sei. Es führt uns zum Kern der Aufgabe: Vertrauen aufzubauen bedeutet nämlich, Kontrolle abzubauen bzw. sich nicht mehr zu misstrauen als nötig. Denn Vertrauen und Kontrolle sind zwei Seiten einer Medaille, d. h., sie brauchen sich wechselseitig und keine der beiden Seiten wird je verschwinden. Blindes Vertrauen ist naiv, risikoreich und genauso weltfremd wie ein hundertprozentiger Kontrollzwang, der zwar das Sicherheitsgefühl erhöht, aber eben nur um den Preis der erheblichen Verlangsamung aller Prozesse Ihrer Unternehmung.

Wer also das Vertrauen im Führungsteam erhöhen will, der geht am besten den ersten Schritt und gibt Kontrolle ab. Dies geschieht umso glaubwürdiger, je persönlicher dieser Schritt ist. Wenn Sie sich nämlich selbst „verwundbar" machen, um zu testen, wie das Vertrauenslevel in der Gruppe gerade ist, dann entsteht Glaubwürdigkeit. Wenn Sie z. B. etwas Persönliches, nicht Vorteilhaftes von sich preisgeben, hätten die anderen Führungskräfte jetzt die Chance, dies zu Ihrem Nachteil einzusetzen. Tun sie es nicht, ist dies ein Vertrauensbeweis.

Erinnern Sie sich noch an das Beispiel zum Thema Widerstände im letzten Kapitel? Da offenbarte ein Bereichsleiter seinen Widerstandsgrund und seine berufliche Lern- und Überlebensangst. Er habe Sorge, den veränderten Anforderungen an sein Verhalten auf der Führungsteam-Brücke nicht zu genügen. Damit gab er den restlichen Führungskräften im Workshop eine Information, die massive Nachteile für ihn gehabt hätte, wenn sie nicht vertraulich geblieben wäre. Das Team nahm diesen Vertrauensvorschuss jedoch gut an und vereinbarte ein Vorgehen, dass bei diesem Bereichsleiter die Angst spürbar reduzierte.

Das Beispiel betont eine weitere Rolle, die Vertrauen in einem wirksamen Führungsteam spielt: Sie reduziert Risiko. Schon Niklas Luhmann (2000) hat darauf hingewiesen: Vertrauen reduziert die

Komplexität menschlichen Handelns und gibt Sicherheit. Bereits in den vorherigen Kapiteln habe ich berichtet, dass der Anspruch, „alles im Griff haben zu wollen", heldenhaft, aber unmöglich ist. Selbst wenn uns das intellektuell klar ist, bleibt trotzdem ein ungutes Bauchgefühl zurück, was noch passieren könnte und was Führungskräfte hätten tun können, um dieses und jenes zu verhindern bzw. in andere Bahnen zu lenken. In diesem inneren Zwiespalt hilft uns das Vertrauen in die Kraft des Teams, weiter effektiv zu handeln und die unentscheidbaren Entscheidungen zu treffen, statt im Konjunktiv und handlungsscheu zu verharren.

Sollten im Team aber Führungskräfte mit geringer Mindfulness, niedriger Ambiguitätstoleranz und Lust an der dunklen Seite der Macht vertreten sein, kommt es häufig sogar zu einem Abbau des Vertrauens. Statt

- einen Vertrauensvorschuss zu riskieren, machen sie sich in ihrer Fachautorität mit einer „bei mir gilt nur die Null-Fehler-Strategie"-Haltung unverwundbar und nutzen jede kleine Chance, den Finger in die Wunden anderer zu legen.
- auf Kooperation und unterschiedliche Alternativen in uneindeutigen Situationen zu setzen, gehen sie in Rivalität und versuchen, einen Konkurrenzkampf um die beste Lösung zu eröffnen.
- Unterschiede, die einen Unterschied machen, zu suchen und Widerstand positiv zu nutzen, setzen sie auf objektive Kennzahlen, harte Pläne und die Kampfrhetorik von unvermeidlichen, harten Schnitten.

Wer sich so verhält und das Vertrauen im Team verringert, attackiert damit letztlich die Basis des Führungsteams. Denn ohne ausreichendes Vertrauen kommt der Team- Entwicklungsprozess, der Gemeinsamkeiten und Unterschiede produktiv nutzt, nicht in Gang. Die Führungskräfte bleiben eine Runde von sich misstrauisch abgrenzenden Managern, die weiterhin alle ihr Ressort beschützen und sich verteidigen müssen.

Wenn Managementhelden solche Attacken in Ihrem Team reiten, hilft Ihnen seemännische Gelassenheit und eine konsequent kooperative Strategie. Bieten Sie Kollegen, auch wenn von diesen Misstrauen gesät wird, immer eine zweite Chance zur Kooperation an. Wird auch dieses Angebot durch vertrauenslose Verhaltensweisen abgewiesen, so grenzen Sie sich nun (aber erst dann) klar und kompromisslos vom Verhalten dieser Führungskraft ab. Dass Sie dies am besten in Hör- und Sehweite der Kollegen im Führungsteam tun, damit dies gleich in der Gruppe thematisiert werden kann, versteht sich von selbst.

In einem solchen Fall Kooperation zurückzuweisen, ist auf jeden Fall ein Unterschied, der einen Unterschied macht. Das Team kann dann überlegen, ob ein Widerstandssymptom vorliegt oder welche bisher unbekannten Ziele, Pläne oder „Hidden Agendas" derjenige, der die Kooperation verweigert, im Führungsteam verfolgt. Es hängt vom Ergebnis dieser Untersuchung ab, ob ein neuerliches Kooperationsangebot unterbreitet werden kann.

► Vertrauen fällt in Führungsteams nicht vom Himmel, sondern muss über das Einräumen von Vertrauensvorschuss Schritt für Schritt erarbeitet werden. Sollte diese vorbehaltslose Strategie von anderen durch Misstrauensarbeit und Kontrollzwang unterwandert werden, hilft klare, kompromisslose Abgrenzung, das Team wieder auf den Kooperationspfad zu führen.

4.2.2 Heikle Dialoge und wertschätzende Zuspitzung

Es sollte bis hierhin schon deutlich geworden sein: Auf dem Weg zum Führungsteam haben die Kollegen viel zu bearbeiten, über das zu sprechen die meisten Führungskräfte nicht gewohnt sind: Unterschiede, Widerstände, Ängste, Macht und Autorität sind zu thematisieren. Da wird schnell klar, dass diese ungewohnten Themen nicht allein mit dem gewohnten Kommunikationsrepertoire des argumentativen Überzeugens, Diskutierens, Debattierens oder mit Feedback und aktivem Zuhören allein bearbeitet werden können. Aus meiner Erfahrung in der Arbeit mit Führungsteams empfehle ich Ihnen sehr, sich eine weitere wichtige Kommunikationsform anzueignen: den Dialog.

Im Dialog wird es dem Führungsteam möglich, individuelle und kollektive Voraussetzungen, Ideen, Überzeugungen und Gefühle zu erkunden, welche die Interaktionen auf subtile Weise beeinflussen. Der Dialog bietet Gelegenheit, an einem Prozess teilzunehmen, der Kommunikationsstärken und Kommunikationsschwächen aufzeigt. Er kann die auf den ersten Blick rätselhaften und chaotischen Muster aufdecken, die eine Gruppe oft dazu veranlassen, gewisse Fragen zu vermeiden oder an dysfunktionalen Mustern festzuhalten und sie bis zum bitteren Ende zu verteidigen.

Dialog ist ein Weg, gemeinsam zu beobachten, wie verborgene Werte und Absichten unser Verhalten bestimmen und wie unbemerkte, kulturelle Unterschiede aufeinanderprallen, ohne dass uns auffällt, was sich eigentlich abspielt. Der Dialog ist weder daran interessiert, Verhalten absichtlich zu verändern, noch die beteiligten Teilnehmer auf ein vorbestimmtes Ziel hinzubewegen. Jeder Versuch dieser Art würde genau die Prozesse verzerren und verschleiern, die der Dialog erforschen möchte. Dennoch findet Veränderung statt, denn ein wirksamer Dialog entdeckt Unterschiede, die vorher nie einen Unterscheid gemacht haben. Spezielle oder persönliche Themen werden mit Fragen tieferer oder allgemeiner Bedeutung verknüpft. Alles kann Gesprächsgegenstand sein und kein Thema wird ausgeschlossen.

Meistens kommen Gruppen von Führungskräften zusammen, um eine Aufgabe zu erfüllen oder um sich „abzustimmen". Anders ist es beim Dialog: Seiner Natur gemäß nutzt er nicht der Planerfüllung oder Zielerreichung für irgendwelche Aufgaben, sondern ermöglicht reflexive Veränderung und Double Loop Learning. Wenn dann das

Vertrauen in den Prozess wachsen kann, führt der Dialog schließlich dazu, dass Gedanken und Gefühle ausgedrückt werden, die für gewöhnlich versteckt bleiben. Da gibt es weder einen auferlegten Konsens, noch gibt es Versuche, Konflikte zu vermeiden.

Der Dialog ist also das Handwerkszeug für wirksames Double Loop Learning. Er ist eben keine Diskussion, er ist auch keine Debatte. Diskussion und Debatte enthalten die implizite Single–loop-Tendenz, auf ein festes Ziel hinzusteuern, ein objektives Übereinkommen zu erzielen oder eine Meinung als Vorherrschende herauszuarbeiten. Er ist aber auch kein „Salon", d. h. eine informelle Zusammenkunft, die meist unterhaltenden Charakter hat, Freundschaften fördert und Gerüchte und andere Informationen in Umlauf bringt.

Nach Isaacs (2002) gibt es vier Zutaten für einen gelungenen Dialog:

1. **Zuhören** heißt, nicht nur den anderen, sondern auch sich selbst zuzuhören. Welche Gedanken, Gefühle, Assoziationen oder Bewertungen entstehen beim Zuhören? Um das wahrnehmen zu können, muss man dem anderen mit allen Sinnen zuhören.
2. **Respektieren** bedeutet, die Meinungen oder Ideen der anderen als genauso legitim anzuerkennen wie die eigenen. Denn sie beruhen auf der Lebenserfahrung, die jemand gemacht hat. Das bedeutet aber nicht, dass man damit einverstanden sein muss! Dialog entsteht erst dann, wenn es Standpunkte gibt, die erkundet werden.
3. **Artikulieren/Aussprechen** heißt, die eigene Sprache zu finden und die eigene Beobachtung auszusprechen. Das bedeutet auch, von sich zu sprechen und den Mut dazu aufzubringen, das zu sagen, was einem wichtig ist, auch wenn es erst einmal „ins Unreine" gesprochen sein sollte. Dialog ist dann ein sicherer Raum, in dem ausprobiert werden kann, wie sich etwas anhört und was es für die anderen bedeutet.
4. **In der Schwebe halten** bedeutet, die eigene Meinung so vorzutragen, dass die anderen nachvollziehen können, wie sie zustande kam. Es bedeutet auch, so zu sprechen, dass deutlich wird, dass

man nicht auf etwas Absolutem beharren wird, sondern nach einer Erweiterung des eigenen Verständnisses und deshalb nach anderen möglichen Positionen sucht.
Gedanken, Impulse, Beurteilungen in der Schwebe zu halten, erfordert wirkliche Mindfulness für den gesamten Prozess. Das bereitet anfangs Mühe. Aber wenn man durchhält, entwickelt sich die eigene Fähigkeit für eine derartige Mindfulness ständig weiter, sodass immer weniger Anstrengung erforderlich ist.

Ein Dialog ist im Wesentlichen ein Gespräch unter Gleichberechtigten. Jegliche Kontrolle, gleichgültig wie sensibel, und Hierarchie haben keinen Platz im Dialog. Der Dialog kann mit jedem beliebigen Thema, das die Teilnehmer interessiert, beginnen. Falls bestimmte Wortwechsel oder Themen störend oder unpassend sind, ist es wichtig, dass Sie diese Gedanken im Dialog ausdrücken. Es sollten keine Inhalte ausgeklammert werden.

► Sofern alle Führungskräfte vorbehaltlos in den Vertrauensaufbau investieren und im direkten Dialog eine persönliche Sicht riskieren, wird ein echtes Führungsteam entstehen. Dialoge ermöglichen Double Loop Learning und so eine neue Qualität der Arbeit im Führungsteam, die Unterschiede entdeckt, die vorher nie einen Unterschied gemacht haben.

4.3 Das Ziel: Wirksame Kooperation

Wenn Sie den Weg des Vertrauensaufbaues gehen, wird vieles möglich:

- „Heikles" kann in gemeinsamem Dialog statt in bilateralen Hintergrundgesprächen besprochen werden.

- Echte Gegensätze werden offengelegt und so zugespitzt, dass sie mit Wertschätzung und Würdigung der Leistung des anderen ausgetragen werden.

Ein Führungsteam, das von einer echten Vertrauensbasis getragen wird und Macht und Einfluss bewusst ausbalanciert, kooperiert wirksam. Es nutzt die Kraft der Unterschiede und der Gruppendynamik und kann daher unentscheidbare Entscheidungen und Kontextführung mit seemännischer Gelassenheit meistern.

Wenn alle mitziehen …

4.3.1 Alpha-Tiere

…denn natürlich wäre es naiv, das Thema „Alphatier", d. h. die Kollegen im Führungsteam, die mit einem hohen Anspruch und starken Willen ihre Interessen zur Geltung bringen, auszublenden.

Aus der Verhaltensforschung kennen wir die Bezeichnung Alpha-Tier für das Leittier einer Herde oder eines Rudels. Es ist in der Regel das kräftigste, erfahrenste und aktivste Tier der Gruppe. Die Bezeichnung Alpha-Tier ist abgeleitet vom ersten Buchstaben im griechischen Alphabet und stellt auf die hierarchische Rangordnung innerhalb der Herde ab. Das Alpha-Tier ist der Anführer und alle andern müssen sich ihm unterwerfen. Das wird natürlich schwierig, wenn sich Führungskräfte entschieden haben, echt und wirksam zu kooperieren.

Der Begriff Alpha-Tier hat in der Führungsliteratur meist einen negativen Beigeschmack, weil er diejenigen kennzeichnet, die mit übertriebener Dominanz, Imponiergehabe und hierarchischer Allmacht Druck ausüben. Sie nutzen also vornehmlich die dunkle Seite der Macht. Weiter oben habe ich Ihnen in diesem Zusammenhang Hinweise gegeben, wie Sie solches Verhalten im Führungsteam erfolgreich aufdecken können. So können Sie vermeiden, dass die dysfunktionalen Alpha-Eigenschaften

- hoher Eigensinn, der die Meinung anderer zu wenig beachtet und daher Widerstände zu brechen versucht.
- extreme Macherorientierung, die wichtige Unterschiede übersieht bzw. negiert und Mitarbeiter überfordert.
- eine fixierte Machtorientierung, die solche Führungskräfte andere einschüchtern lässt, wenn sie anderer Meinung als sie selbst sind.

„durchschlagen".

Friedrich und Richter (2013) entdecken in ihrem lesenswerten Essay gar den „Chef als Krieger", der in seinem Verhalten typische Verhaltensweisen zeige, die von Helden, Herrschern und Heerführern schon bekannt seien:

1. Das geschickte Herbeiführen und Ausfechten von Konflikten und das Besiegen des Gegners werden angestrebt.
2. Der „Krieger" kontrolliert den Informationsfluss. Getreu dem Prinzip „Wissen ist Macht" sammelt er Informationen über Feinde und Verbündete.
3. Erfolg ist wichtiger als irgendwelche Skrupel auf dem Weg zum Erfolg. „Der Zweck heiligt die Mittel."
4. Der fähige Feldherr kennt besonders die Schwachpunkte der anderen und nutzt diese zu seinen Gunsten.
5. „Wähl deine Schlachten mit Bedacht!" Obwohl Konflikte einen zentralen Stellenwert haben, wägt der kluge Krieger Kosten und Nutzen einer Auseinandersetzung genau ab.
6. „Benutze Handlanger und Sündenböcke": Manchmal muss man aus dem Verborgenen heraus operieren. Andere sollen sich die Hände schmutzig machen.
7. Der weise Feldherr schmiedet Pläne und bereitet sich auf mögliche Situationen vor.
8. „Die Welt ist voller Gefahren." Der fähige Krieger rechnet überall mit Gefahren.

In diesen acht Punkten, die in ihrer Gesamtheit sicher als fragwürdige Führungsethik einzustufen sind, entdecken wir einiges, was wirksame Führungsteams verhindern bzw. zerstören kann. Sofern die unter den Ziffern 1, 2, 3, 4 und 6 geschilderten Phänomene in der Runde entdeckt werden, hilft nur eine deutlich Positionierung in einem klärenden Gespräch. In der Praxis hat sich dabei das dreistufige Vorgehen der „verbindlichen Konfrontation“ (Hinz 2013) bewährt.

Es steht außer Frage: Wer einen Krieger der dunklen Seite der Macht oder ein Alpha-Tier mit einem schädlichen, unethischen Verhalten konfrontieren muss, hat ein unangenehmes Gespräch zu führen. Das folgende Schema der „3-B-Regelung“ mit den Phasen Beobachtung, Bedeutung und Bewertung zeigt den Weg in eine professionelle Gesprächsführung.

1. Phase: Beobachtung

Schildern Sie den Sachverhalt oder das Verhalten, das Ihnen kritisch erscheint. Beschreiben Sie konkret und möglichst zeitnah, was Sie wahrgenommen haben. Wahrnehmung ist hier im strengen Verständnis des Erlebens mit den Sinnesorganen gemeint: Hören, Sehen, Riechen, Schmecken. In dieser Phase ist es wichtig, dafür zu sorgen, dass das Beobachtete unstrittig wird, weil es beide erlebt haben. Dieses „so haben wir beide es wahrgenommen“ schafft die gemeinsame Grundlage für die nächsten Schritte.

> In unserer letzten Sitzung habe ich meine Befürchtung geäußert, von der neuen Art der Kooperation in unserer Führungsrunde überfordert zu sein und den veränderten Anforderungen an mich nicht zu genügen. Am letzten Freitag haben mich die Abteilungsleiter A und B unabhängig voneinander darauf angesprochen, dass Sie Herr Kollege Vertriebsleiter beim letzten Vertriebsmeeting gesagt haben, ich würde es nicht mehr lange machen, weil ich nicht hart genug für den Job sei. Stimmt das so?

2. Phase: Bedeutung

Schildern Sie die Auswirkungen, die Sie beobachten, befürchten oder erwarten. Sagen Sie, was das für Sie bedeutet. Sie können die rein sachlichen Konsequenzen beschreiben, Sie sollten aber auch Ihren Ärger oder andere Gefühle ansprechen und zeigen. Überlegen Sie, was Ihnen in dieser speziellen Situation angemessen und Erfolg versprechend erscheint. Sprechen Sie dabei von sich, das heißt in Ich-Botschaften – und vermeiden Sie Verallgemeinerungen und Vermutungen wie z. B. „immer", „man" oder „vielleicht".

> Ich empfinde diese Äußerung als eklatanten Vertrauensbruch in unserem Führungsteam und als ehrabschneidend für mich. Zuerst war ich wie vor den Kopf gestoßen und der Meinung, dass dies wohl ein Missverständnis gewesen sein muss. Als dann aber der zweite Abteilungsleiter die Äußerung wortwörtlich wiederholte, war ich fassungslos und zutiefst gekränkt. Diese Ungeheuerlichkeit macht mich immer noch wütend, Sie sehen ja, wie ich jetzt gerade noch bebe. Merken Sie das?

3. Phase: Bewertung

Beschreiben Sie konkret, welchen Veränderungswunsch Sie an den Gesprächspartner richten. Beschreiben Sie genau, wie sein Verhalten oder der Sachverhalt aussehen soll. Begriffe wie „besser" oder „schneller" geben keine Orientierung. Sie sind subjektiv und unterschiedlich interpretierbar. Sagen Sie deshalb genau, woran Sie besser messen.

Falls es erforderlich erscheint, den Veränderungswunsch des kritisierten Verhaltens mit Konsequenzen zu versehen, dann bleiben Sie auch hier anschaulich. Erläutern Sie detailliert die Konsequenzen, die Sie ziehen werden, wenn es zur Wiederholung kommt. Hüten Sie sich vor Drohungen und pauschalen Maßnahmen, sondern bleiben Sie konkret beim Anlass und bei der Person.

> So geht das nicht! Meine Energie, mit Ihnen in dieser Runde weiter den Weg zum vertrauensvollen Führungsteam zu gehen, ist fast null. Ich erwarte von Ihnen eine Erklärung, was Sie zu dieser Aussage gebracht hat und ob Sie damit etwas im Schilde führen. Es wird von Ihrer Erklärung abhängen, wie sich mein Verhalten dann gegebenenfalls verändern wird. Mir ist auch wichtig, dass sich die anderen Kollegen in unserem Team zu diesem Vorfall erklären, damit wir gemeinsam entscheiden, wie es hier weitergeht.

Grundsätzlich ist eine verbindliche Konfrontation dann erfolgreich, wenn Sie:

- Beobachtung von Bedeutung und Bewertung trennen. Besonders die erste Phase ist dabei erfolgskritisch. Je besser es Ihnen gelingt, die von allen geteilte „Faktenbasis" zu verankern, desto wirkungsvoller wird die dritte Phase, d. h. die eigentliche Veränderung wahrgenommen. Denn damit entziehen Sie dem beliebten Kommunikationsspiel „Aber das war doch alles ganz anders", in dem Ihr Gegenüber erst angesichts der Konsequenzen beginnt, die grundlegenden Fakten zu bestreiten, und eine völlig andere Situation erlebt haben will, von Beginn an den Boden.
- Ihren Gesprächspartner an der Lösung beteiligen und immer wieder seinen Kommentar dazu einholen. Dadurch verhindern Sie das „Abdriften" des Gegenübers in eine passive Opferrolle, die meist mit der rhetorischen Finte „Komme ich hier auch mal zu Wort" beginnt, und fordern ihn auf, Verantwortung für die Situation zu übernehmen. Geeignete Fragen dazu sind: Wie haben Sie das erlebt? Wie stehen Sie dazu? Welche Lösung können Sie sich vorstellen? Ist das ein Weg? Haben Sie andere Ideen? Sind Sie einverstanden? Sind Sie dazu bereit?

Doch nicht immer ist es notwendig, ein Alpha-Tier zu konfrontieren. Ein Blick auf die „Chef als Krieger"-Phänomene:

1. „Wähle deine Schlachten mit Bedacht!“ Obwohl Konflikte einen zentralen Stellenwert haben, wägt der kluge Krieger Kosten und Nutzen einer Auseinandersetzung genau ab.
2. Der weise Feldherr schmiedet Pläne und bereitet sich auf mögliche Situationen vor.
3. „Die Welt ist voller Gefahren.“ Der fähige Krieger rechnet überall mit Gefahren.

macht auch deutlich, dass es durchaus nützliche Verhaltensweisen gibt, die wirksame Führungsteams in ihr Repertoire genauso aufnehmen sollten wie folgende Alpha-Tier-Kompetenzen:

- Entscheidungsfreude
- hohe Ziel- und Ergebnisorientierung
- überdurchschnittlicher Leistungswille

Es kann in einem wirksamen Führungsteam also nicht darum gehen, Alpha-Tiere auszuschließen oder umzuerziehen, sondern deren spezielle Qualitäten im Sinne eines Unterschiedes, der einen Unterschied macht, zu nutzen. Führungsteams brauchen daher eine gute „beidhändige“ Kompetenz, um als Team erfolgreich zu kooperieren und gleichzeitig genügend Raum für das individuelle Verhalten jedes einzelnen Führungsteam-Mitgliedes zu lassen.

Abbildung 4.1 zeigt, dass es durchaus Situationen gibt, in denen es sinnvoll ist, die Alpha-Tiere bewusst einzusetzen. Gerade bei Veränderungsprozessen, die mit harten Einschnitten verbunden sind, wenn Führungskräfte z. B. auf den Bonus, Dienstwagen oder Einzelbüro verzichten müssen, ist es mikropolitisch oft sinnvoll, ein Alpha-Tier in den Ring zu schicken. Das fällt Alpha-Tieren dann leicht, wenn sie von der Veränderung überzeugt sind. Sie gehen mit ihrer überdurchschnittlichen Energie und Konflikterfahrung als überzeugendes Vorbild voran.

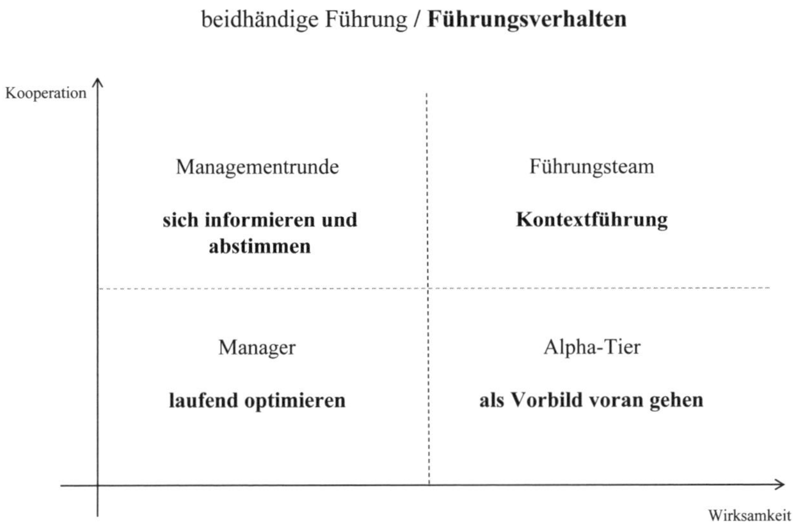

Abb. 4.1 Beidhändige Führung

In den Fällen, in denen Sie als Manager vor allem operative Fachaufgaben zu lösen haben, nutzen Sie die Instrumentenebene, d. h. ausgefeilte Managementinstrumente zur Optimierung, und treffen sich im Führungsteam nur zu gelegentlichen Informations- und Abstimmungsrunden. Wenn sich die Führungskräfte aber der Kontextführung zuwenden, ist es notwendig, als Führungsteam zu arbeiten.

► Erwarten Sie Alpha-Tier-Verhalten beim Aufbau eines wirksamen Führungsteams. Statt davor naiv die Augen zu verschließen, ist die aktive Behandlung sinnvoll. Konfrontieren Sie klar, hart und verbindlich mit der 3-B-Regel jedes Verhalten, dass das Team verhindert oder zerstört. Nutzen Sie aber auch die überdurchschnittliche Energie und Konflikterfahrung, die Alpha-Tiere mitbringen.

Literatur

Friedrich, R., Richter, D.: Emotionale Führung, Macht und Ethik. http://www.uni-saarland.de/media/fak5/orga/pdfs/materialien/KAP1.pdf (2013). Zugegriffen: 26 Nov. 2013

Haslam, S. A., Reicher, S. D.: Contesting the ‚nature' of conformity: What Milgram and Zimbardo's studies really show. PLoS Biol. **10**(11), e1001426 (2011)

Hinz, O.: Der Projekt-Kapitän. Springer Gabler, Wiesbaden (2013)

Isaacs, W.: Dialog als Kunst gemeinsam zu denken. Edition Humanistische Psychologie – EHP Verlag, Bergisch-Gladbach (2002)

Luhmann, N.: Vertrauen. UTB Stuttgart (2000)

Springer Gabler Verlag (Hrsg.): Gabler Wirtschaftslexikon. Stichwort: Vertrauen. http://wirtschaftslexikon.gabler.de/Archiv/9314/vertrauen-v6.html (2014). Zugegriffen: 20. Jan. 2014

5 Das Team verkaufen: Wirksame Informationspolitik statt Heldentum

Zusammenfassung

Führungsteams planen die Inszenierung ihrer Informationspolitik bewusst und reden nicht nur einfach so drauf los. Dem klassischem Muster der Starallüren, das immer dann auftritt, wenn sich Führungskräfte vor allem darauf konzentrieren, wie sie persönlich „ankommen", begegnen sie mit einem DoubleLoop-Kommunikationsformat wie Szenario-Technik, Sounding Board, World Café und Open Space. Zehn bewährte Kommunikationsgesetze bewahren das Führungsteam vor Anfängerfehlern bei der Gestaltung der Informationspolitik. Sie sind auf der Hut vor tapferem, aber nicht klugem Heldentum, dass sie an vorschnellem Commitment, Kontrollillusionen und der Konzentration auf das operative Tagesgeschäft erkennen.

Eine der herausforderndsten Aufgaben für Führungsteams, die mehr sein wollen als eine Managementrunde, ist eine Informationspolitik, die den Führungsteamanspruch verkörpert. Da müssen Verlautbarungen auf gemeinsamer Abstimmung beruhen, genauso wie das Äußern von Einzelmeinungen taktisch klug eingesetzt sein will.

Wenn Informationspolitik gut gelingt, hält sich jeder im Führungsteam diszipliniert an die Verabredungen, sowohl untereinander als auch in Bezug auf die anderen Führungsebenen und Mitarbeiter. Gleichzeitig nutzt jeder andernorts seine persönlichen Freiräume, ohne dass dabei Misstrauen aufkommt. Denn ein Führungsteam

O. Hinz, *Das Führungsteam,* DOI 10.1007/978-3-658-03891-5_5, weiß, anders als die übliche Managementrunde, um seine kulturelle Vorbildwirkung in Kommunikation und Führungshandeln.

Und da beginnt die Herausforderung. Einerseits nicht nur von mir zu sprechen und meine Heldentaten herauszustellen, sondern auch die Position des Teams mitzudenken, bevor ich mich vor versammelter Mannschaft äußere. Andererseits ist es naiv und gefährlich zu glauben, man könnte die Informationspolitik eines Teams aus Führungskräften vollständig harmonisieren. Daher ist ein Abstimmungsprozess vonnöten, der die Gemeinsamkeiten (Kap. 1) nutzt, um unentscheidbare Entscheidungen zu treffen (Kap. 2), die deswegen wirksam sind, weil die Unterschiede (Kap. 3) berücksichtigt werden und individuelle Interessen in einer ausbalancierten „Machtpolitik" ihren wohl kalkulierten Platz finden (Kap. 4). Deshalb ist es wichtig, nicht Marketingspielchen zu treiben, sondern einen verbindlichen Umgang „nach außen" zu verabreden.

5.1 Führung verkaufen

Auch wenn im Führungsteam mit den Erkenntnissen von Kap. 4 nun gruppendynamisch besser mit Macht und Einfluss umgegangen wird, bedeutet das noch nicht, dass sich dies sofort und eindeutig positiv auf die gesamte Organisation auswirkt. Denn auch wenn alle Führungskräfte im Team viel dafür tun, dass ihre Kooperation wirksam wird, ist dies nur die notwendige Bedingung einer guten Unternehmensführung. Hinzu kommen muss die hinreichende Bedingung, dass die Entscheidungen, Informations- und Kommunikationsinitiativen des Führungsteams mit der nötigen Aufmerksamkeit in der Organisation auch wahrgenommen werden. Denn natürlich kann nicht jede Führungskraft immer davon ausgehen, dass Mitarbeiter immer gleich so handeln wie gewünscht, sondern muss sicherstellen, dass ihre Entscheidungen auch verstanden und mitgetragen werden.

5.1.1 Botschaft und Inszenierung

Es ist eine Binsenweisheit: Der Wurm muss dem Fisch schmecken und nicht dem Angler. Trotzdem reden die allermeisten Manager, wenn sie eine neue Initiative in ihrer Organisation vorstellen, lieber von sich und ihrer herausragenden Entscheidung als von dem Nutzen für die Menschen, die diese im Unternehmen umsetzen. In langweiligen E-Mails („a letter from the CEO"), Meetings, bei denen ihr Redeanteil über 85 % liegt, und gestylten Imagevideos und Powerpoint-Präsentationen senden sie nur in eine Richtung und verlassen meistens dann die Bühne, wenn die Interaktion mit dem Publikum beginnen könnte.

Dagegen planen Führungsteams die Inszenierung ihrer Informationspolitik bewusst und reden nicht nur einfach so drauf los. Giso Weyand (2008) nennt die fünf Kriterien, die eine wirksame Informationspolitik erfüllen muss:

1. Sie erzielt Aufmerksamkeit.
2. Sie hält die Spannung bis zum Schluss.
3. Sie ist verständlich.
4. Die Botschaft muss enthalten sein.
5. Sie löst einen Impuls aus.

Besonders die letzten beiden Punkte machen einen Unterschied zu den Wegen, die Managementrunden heute noch nutzen. Führungsteams informieren nicht nur spannend und verständlich, das ist gut gemachte Managementkommunikation heute auch. Die abgestimmte Informationspolitik eines wirksamen Führungsteams unterscheidet sich zu den Road Shows des Managements in Folgendem:

- Sie hat eine Botschaft, d. h. etwas zu sagen, das die Mitarbeiter als sinnvoll und nützlich ansehen.

- Sie trifft und betrifft die Mitarbeiter und löst bei ihnen einen Handlungsimpuls aus, statt sich im bekannten heldenhaften Verkündigungsstil des Managements nur selbst zu beweihräuchern.

Eine Botschaft zu entwickeln, die einen Handlungsimpuls auslöst, weil sie als sinnvoll und nützlich angesehen wird, ist harte Arbeit für ein Führungsteam. Während eine Managementrunde dabei häufig den Fehler macht, die Argumente, die sie zu der Entscheidung bewogen hat, schlicht auch zur Botschaft zu erklären, handeln Führungsteams klüger.

Sie entscheiden über die Informationspolitik in dem Double-Loop-Prozess, den sie für die Entscheidung, die sie verkaufen wollen, bereits genutzt haben. Weyand (2010) vergleicht dies mit dem Brennen von Schnaps:

> In einem mehrstufigen Brennprozess wird am Ende das Edelste, nämlich die Essenz abgesetzt. (…) Das sind zwei oder drei Elemente, die [den Kern] ausmachen. Ich nenne diese Essenz Botschaftslinie, weil sie meist nicht nur aus einer einzigen Botschaft, sondern aus einer Linie von zwei oder drei guten Botschaften besteht, die gemeinsam eine unverwechselbare Einheit bilden.

Mit den folgenden Reflexionsfragen leiten Sie diesen mehrstufigen Brennprozess im Führungsteam ein:

- Wenn wir unsere Initiative mit nur einem Satz beschreiben sollen – wie lautet er?
- Welche drei Punkte machen diese Initiative besonders, d. h. bilden einen Unterschied zu anderen Entscheidungen, der für unsere Mitarbeiter auch einen Unterschied macht?
- Ist der einzige Satz, der unsere Initiative beschreibt, allgemein verständlich, einfach und sachlich formuliert (und versucht eben nicht, alle Facetten wiederzugeben)?
- Die drei genannten Unterschiede wirken so interessant, dass Mitarbeiter nachfragen und mehr wissen wollen?

- Eine kraftvolle Botschaft, die sie bewusst inszenieren, unterscheidet Führungsteams von Managementrunden, die nur seichte Informationswellen oder einen Information Overload anbieten. Dazu braucht es eine kraftvolle Botschaftslinie, die neugierig macht und zum Dialog einlädt.

5.1.2 Starallüren

Wenn die Botschaft steht, dann beginnt der eigentliche Kommunikationsprozess. Georg Franck (1998) beschreibt drei Herausforderungen, die es zu bewältigen gilt, wenn Führungskräfte ihre Botschaft verkaufen wollen:

1. möglichst viel Aufmerksamkeit bei denen einzunehmen, die wir selbst am meisten schätzen,
2. den Wert der Aufmerksamkeit bei denen zu maximieren, auf die es ankommt, und
3. die Botschaft so zu verkaufen, dass meine Selbstachtung keinen Schaden nimmt.

In meiner Praxis beobachte ich häufig einen sehr unterschiedlichen Umgang mit diesen Herausforderungen. Ein geradezu klassisches Muster ist das der Starallüren, das immer dann auftritt, wenn sich Führungskräfte bei ihrer Kommunikationsplanung vor allem darauf konzentrieren, wie sie persönlich dabei „wegkommen". In Überbetonung der dritten Herausforderung („dass meine Selbstachtung keinen Schaden nimmt") achten sie nicht nur darauf, dass der abgestimmte Informations- und Kommunikationspfad ihnen nicht zu sehr schadet. Nein, sie konzentrieren sich im Gegenteil stark darauf, dass sie in ein gutes Licht gerückt werden. Damit erreichen sie bei denjenigen, auf die es ankommt, keine Aufmerksamkeit, weil sie keinen Unterschied einführen, der bei den Adressaten einen Unterschied macht.

Auf der Suche nach Zustimmung und Zuspruch konzentrieren sich diejenigen mit Starallüren bei der Informationspolitik auf Personen, die sie selbst am meisten schätzen. Wie oft wird deren Reaktion wohl ablehnend ausfallen? Starallüren sorgen dafür, dass viel Zeit für Hintergrundgespräche und die Bitte um Feedback zu „Draft Papers“ eingesetzt wird, die vor allem der Absicherung der persönlichen „Ich bin o.k.“-Position dient.

Immer wenn das Starallüren-Muster durch die Konzentration der Aufmerksamkeit auf die Herausforderungen 1 und 3 am Werke ist, kommt die Aufmerksamkeit für die zweite Herausforderung zu kurz. Es fehlt, den Fokus auf diejenigen zu setzen, auf die es ankommt. In hoher Konzentration auf sich und die Personen, die ihnen wichtig sind, vernachlässigen Führungskräfte mit Starallüren den Zielkunden. Das mag menschlich verständlich sein, ist aber unprofessionell und dumm!

Natürlich ist es mit dem Risiko der Zurückweisung verbunden, sich der Aufmerksamkeit anderer zu versichern. Da droht die bittere Erkenntnis, dass die Initiative des Führungsteams nicht interessiert, ignoriert oder gar torpediert wird (vom Umgang mit Widerstand war ja in Kap. 3 schon die Rede). Verständlich ist daher, dass man seine Aufmerksamkeit angesichts dieses Risikos auf die Personen konzentriert, die man kennt und schätzt.

Dumm ist allerdings, dass Starallüren-Typen damit die schon gewogene Fangemeinde erreichen, die ihre Vorschläge ohnehin meist gut und wichtig findet. Die Wahrscheinlichkeit einer selbst erfüllenden Prophezeiung ist groß. Quasi automatisch werden Aufmerksamkeit und Zuspruch erreicht, das Führungsteam hat über seine konkrete Initiative so gut wie nichts gelernt und ist deshalb dumm geblieben!

Den Weg heraus aus dem Muster der Startallüren hin zu einer wirksamen Informationspolitik erreichen Sie mit einem Double-Loop-Learning-Vorgehen im Führungsteam, mit dem ich Sie bereits bekannt gemacht habe (Abb. 3.2). Dieser Double Loop vereint das Formulieren einer abgestimmten Informationspolitik mit der Reflexion über die Adressaten, deren Aufmerksamkeit erreicht werden soll. Den ersten Schritt für diese Reflexion ermöglichen folgende Fragen:

- Mit welcher Botschaftslinie wollen wir unsere Führungsinitiative kommunizieren?
- Wie schätzen wir die Attraktivität dieser Führungsinitiative ein?
- Welche Personen/Gruppen sind die Zielkunden unserer Führungsinitiative?
- Wie steht jeder Einzelne von uns zu diesen Personen/Gruppen (auf einer Skala von 1 bis 5)?
- Wie sehr kommt es darauf an, dass wir gerade bei dieser Person/Gruppe hohe Aufmerksamkeit für unsere Führungsinitiative erreichen (auf einer Skala von 1 bis 5)?

► Kluge Führungsteams wissen um die Starallüren einzelner Alpha-Tiere und begegnen diesem typischen Phänomen mit einer Informationspolitik, die Aufmerksamkeit vor allem bei denen erreicht, die von der Führungsinitiative wirklich betroffen sind.

5.1.3 Kommunikationsformate

Wirksame Informationspolitik braucht ein dem Double Loop angemessenes Kommunikationsformat. Um sich gut abzustimmen, genügt es nicht, nur einfach Feedback einzuholen, wie es in den typischen Mitarbeiterbefragungen und Besprechungen meist mehr schlecht als recht gelingt.

Double Loop Learning konsequent zu betreiben, bedeutet Unterschiede und Gruppendynamik zu nutzen. Mikropolitisch wach und kooperationsbereit jonglieren Führungsteams daher mit unterschiedlichen Szenarien, schaffen offene Kommunikationsräume und sorgen in Sounding Boards dafür, dass die Aufmerksamkeit der Mitarbeiter hoch bleibt.

In den letzten Jahren haben sich nützliche Kommunikationsformate entwickelt, auf die Führungsteams bei der Informationspolitik zurückgreifen können. Tab. 5.1 zeigt diejenigen, die sich in meiner Praxis bewährt haben:

Immer wenn es Ihnen um eine bedeutende, für die Zukunft der Organisation zentrale Entscheidung geht, ist die Entwicklung von **Szenarien** ein sinnvolles Format. Die Methode der Szenario-Technik ist klar strukturiert und ermöglicht die Vergleichbarkeit unterschiedlicher Möglichkeiten. Sie hebt sich damit wohltuend von der Alltagskonversation über Trends und Expertenmeinungen ab, die in Managementrunden leider häufig an der Tagesordnung ist.

Ein **Sounding Board** zu installieren ist immer dann ratsam, wenn das Führungsteam die Umsetzung einer Entscheidung verbessern will. Die heterogene Zusammensetzung der Gruppe stärkt ihre Fähigkeit zur Kontextführung nachhaltig, weil durch die verschiedenen Stakeholder ein direkter Kontakt zur Umwelt der Organisation hergestellt wird. Da der Dialog zwischen dem Führungsteam und den Stakeholdern im Zentrum des Formates steht, können konkrete Alternativen direkt im Sounding Board erarbeitet werden.

Das **World Café** ist ein informelles Format, das auch größere Gruppen zeitgleich über eine Führungsintervention informieren kann. Immer wenn ein Führungsteam den Austausch über eine Entscheidung fördern, den Prozess des „Und was bedeutet das jetzt konkret für mich?“ intensivieren und damit die Umsetzungsphase einläuten will, ist das World Café sinnvoll. Durch wenige Strukturvorgaben und wechselnde Interaktion mit vielen Gesprächspartnern können die Mitarbeiter den Input des Führungsteams spontan reflektieren und somit besser „verdauen“, als dies bei einer schriftlichen Information am Arbeitsplatz je der Fall sein könnte.

Das offenste und damit an wenigsten beeinflussbare Format ist der **Open Space** bzw. das Bar Camp. In der Regel ist bei dieser Veranstaltung nur das Oberthema (z. B. unser zukünftiger Marktauftritt)

Tab. 5.1 Kommunikationsformate

	Szenario	Sounding board	World café	Open space/bar camp
Ablauf	In drei Schritten (Einflussanalyse- Szenarien – Umsetzungspotenziale) werden zukünftige Optionen strukturiert erarbeitet und ggf. analytisch bewertet/vergleichbar gemacht	In einen Workshop reflektieren die Teilnehmer die vorgestellte Intervention des Führungsteams	Nach einem Startinput aus dem Führungsteam arbeiten die Teilnehmer in einer informellen Atmosphäre an verschiedenen Tischen mit vier bis fünf Personen	Ohne spezielle Tagesordnung tauschen sich die Teilnehmer über ein „Oberthema" aus. Die Mitglieder des Führungsteams bringen, genauso wie jeder Teilnehmer, ihre Themen ein
Besonderheit	Erfolgreiche Arbeit mit der Szenario-Technik folgt einem strukturierten Prozess der konzentrierten Diskussionen, die i. d. R mit quantitativen Daten unterlegt werden	Die heterogene Zusammensetzung der Gruppe soll das gesamte Stakeholder-Umfeld abdecken. Je nach Thema kommen auch Externe hinzu	Die Zusammensetzung der Tische ändert sich regelmäßig	Jeder entscheidet spontan nach Interesse und Energie, woran und wie lange er an etwas (mit-)arbeiten will
Aufwand	1- bis 3-mal 2 Tage für 5 bis 25 Teilnehmer	4 bis 8 h für 10 bis 30 Teilnehmer	2 bis 8 h für 20 bis 2.000 Teilnehmer	1 bis 3 Tage für 30 bis 300 Teilnehmer

Tab. 5.1 (Fortsetzung)

	Szenario	Sounding board	World café	Open space/bar camp
Nutzen/ Einsatz	*Einen konkreten Blick auf zukünftige Möglichkeiten werfen:* Statt nur Trends zur Kenntnis zu nehmen, wird deutlich, welche konkreten Möglichkeiten das Führungsteam hat	*Akzeptanz und Geschwindigkeit fördern*: Der Rundumblick erhellt den Kontext der Führungsintervention. Alternativen können zeitnah und im Dialog erarbeitet werden	*Fokussierte Kommunikation erreichen:* Alle können an einem Ort zu einer Zeit die Initiative des Führungsteams verarbeiten. Ein „Ausfransen" der Kommunikation unterbleibt	*Interessenlage und Machbarkeit erkunden:* Es wird unmittelbar sichtbar, wo die Interessen/Energie bzw. Widerstände in der Organisation liegen

veröffentlicht, ein zeitlicher Rahmen geplant und zu einer bestimmten Uhrzeit an einen bestimmten Ort geladen. Welche Themen dann von welchen Teilnehmern in den zahlreichen und parallelen 60- bis 90-minütigen Arbeitsphasen konkret bearbeitet werden, hängt von der aktuellen Gruppendynamik ab. Denn jeder Teilnehmer kann sich ständig neu für seine Mitarbeit bzw. die Setzung eines Themas entscheiden. Die Mitglieder des Führungsteams haben keinerlei Privilegien, d. h., sie müssen ihre Themen genauso einbringen wie alle anderen und abwarten, ob interessiert oder desinteressiert reagiert wird. Ein gut dokumentierter Open Space gibt eine unmittelbare Rückmeldung, wo die Interessen und Energie innerhalb der Organisation liegen. In Verbindung mit den Ergebnissen aus einer Szenario-Entwicklung ist er ein besonders geeignetes Mittel, um die Machbarkeit verschiedener Alternativen zu erproben.

► Moderne Kommunikationsformate, die wie Szenario, Sounding Board, World Café und Open Space die Vielfalt und die Dynamik der Gruppe nutzen, sind Vier-Augen-Gesprächen und moderierten Feedback-Workshops überlegen.

5.1.4 Überzeugende Rituale

Bereits in Kap. 2 habe ich Ihnen von der Herausforderung für ein Führungsteam berichtet, die „unentscheidbaren Entscheidungen" zu treffen. Diese sind dadurch gekennzeichnet, dass keine Kriterien zur Verfügung stehen, die eine objektiv richtige oder falsche Entscheidung ermöglichen.

Es liegt in der Natur der Sache, dass gerade diese Entscheidungen besondere Anforderungen an die Informationspolitik stellen, weil Unterschiede und Widerstände natürlich und zu erwarten sind. In solchen Situationen ist es sinnvoll, bewusste Rituale in die Kommunikation einzubauen und damit die Verbindlichkeit der Informationspolitik zu erhöhen. Rituale schaffen Vertrauen. Sie kommen dem Bedürfnis nach Orientierung und tragfähigen Gewissheiten entgegen. Für Führungsteams können vor allem Macht- und Stabilisierungsrituale wirksame Instrumente sein.

Ein dosierter Einsatz von Machtritualen kann die Autorität des Führungsteams insbesondere in stürmischen Zeiten unterstreichen. Nehmen wir das Beispiel eines Restrukturierungsprojektes, das den Fortbestand eines Standortes sichern soll. Wenn dann der interne Projektleiter für die Zeit, in der er das zentrale Restrukturierungsprojekt leitet, in das Führungsteam des Unternehmens eingebunden ist (dem er normalerweise nicht angehört), dann handelt es sich um ein klares Machtsignal. Es zeigt: Dieser Projektleiter sitzt jetzt ganz oben im Führungsteam mit am Tisch. Projekttitel, Ausstattung des Projektraumes oder Zugang zu Ressourcen innerhalb der Projektarbeit sind weitere unterstützende Rituale, die zeigen, dass das Projekt im Fokus steht.

Stabilisierungsrituale können Sie einsetzen, um zu signalisieren: „Wir haben den Prozess im Griff." Hierzu zählt der bewusste Einsatz von externem Wissen, etwa indem Sie einen Vorschlag durch eine Studie untermauern, die Sie möglicherweise selbst bei einem Wissenschaftler in Auftrag gegeben haben. Oder Sie ziehen vor einer schwierigen Entscheidung einen externen Experten hinzu, der über vergleichbare Situationen berichtet und seine Erfahrungen darstellt. Versuchen Sie also, punktuell externe Expertise einzubringen, die in einer bestimmten Situation das Wissen vermehrt und damit das Vertrauen in die eigene Entscheidungsfähigkeit stärkt. Derartige Stabilisierungsrituale haben im Führungsteam eine wichtige Funktion: Sie vermitteln ein Gefühl erhöhter Kompetenz in uneindeutigen Situationen und ermutigen so zu unentscheidbaren Entscheidungen.

► Macht- und Stabilisierungsrituale schaffen Vertrauen und kommen dem Bedürfnis nach Orientierung entgegen.

5.1.5 Bewusst kommunizieren

Als Führungskraft wissen Sie es längst aus eigener Erfahrung: Kommunikation kann nie perfekt sein. Aber wer immer in die gleichen Kommunikationsfallen tappt, sollte Erfahrungswissen nutzen, denn es gibt einige bewährte Regeln, deren Kenntnis für eine gute Führungskommunikation sehr nützlich ist. Die folgenden zehn Punkte sind eine Weiterentwicklung der von Klaus Doppler und Christoph Lauterburg (2008) veröffentlichten „Gesetzmäßigkeiten der Kommunikation".

1. Kommunikation ist der natürliche Zwilling der Führung. Es gibt keine erfolgreiche Führungsintervention ohne eine aktive, lebendige und geplante Kommunikationspolitik. Fehlt diese Kommunikation, bleibt Führung nur Bürokratie.

2. Effiziente Kommunikation lebt vom lebendigen Dialog. Je motivierender eine Botschaft sein soll, je mehr sie die wirklichen Interessen der Empfänger berühren soll, desto notwendiger ist ein echter Dialog. Gemeint ist damit ein Dialog, in dem Wahrhaftes zur Sprache kommt und der im Fluss bleibt (Kap. 4). Nur so werden sich Gemeinsamkeiten und Unterschiede in Bezug auf Interessen, Ziele, Hoffnungen und Befürchtungen zeigen. Die Erfahrung ist: Je mehr wir uns in der Praxis vor einer direkten Begegnung und Auseinandersetzung fürchten, desto eher ist sie angezeigt.

3. Man kann nicht nicht kommunizieren (Paul Watzlawick). Lücken in der Kommunikation, die zum Beispiel durch einseitige Stellungnahmen, Schweigen oder fehlende Diskussion entstehen, werden die Betroffenen mit eigenen Fantasien, Interpretationen, Urteilen und Vorurteilen ausfüllen. Legen Sie deshalb alle wesentlichen Informationen auf den Tisch. Nur wer selbst aktiv kommuniziert, kann dafür sorgen, dass er seine Botschaft anbringt. Denn Führen heißt: Sagen, was ist!

4. Es ist fast immer zu spät. Wer im üblichen Führungsalltag stets vollständig und der Reihe nach kommunizieren will, kommt im Strudel der Ereignisse fast immer zu spät. Meist ist es deshalb besser, zwar unvollständig, dafür aber zügig zu kommunizieren – selbst wenn Ihnen dabei nicht ganz wohl ist. Stellen Sie sich auf jeden Fall die Frage, wie Sie in einer bestimmten Situation informieren wollen: früh, aber unvollständig, oder doch besser später und dafür vollständig?

5. Jeder hört, was er hören will. Je emotionaler die Situation, desto größer ist die Gefahr der selektiven Wahrnehmung. Dies geschieht meist unter dem Einfluss von zwei Faktoren: Glaubwürdigkeit des Senders und frühere Erfahrungen des Empfängers. Zumindest den ersten Faktor können Sie direkt beeinflussen: Als Sender von Informationen haben Sie es in der Hand, für wie glaubwürdig der Empfänger Sie hält.

6. Erfolgreiche Kommunikatoren erkunden vorher. Gut kommunizieren können Sie nur, wenn Sie die Adressaten und ihre Interessen kennen. Erkunden Sie deshalb vorher deren Einstellungen (z. B. in den oben vorgestellten Formaten). Nur dann können Sie Ihre Kommunikation so ausrichten und verpacken, dass die Botschaft ankommt. Denn wie schon erwähnt: Der Wurm muss dem Fisch schmecken, nicht dem Angler!

7. Es gibt keine neutrale Kommunikation. Jede Kommunikation will etwas erreichen – als Führungsteam ist Ihnen das im Grunde klar, schließlich dient Ihre Kommunikation ja Interessen und Zielen. Denken Sie aber auch daran, wenn sich jemand an Sie wendet: Auch dann steht hinter der Kommunikation eine Absicht. Seien Sie auf der Hut, wenn jemand den Versuch der Beeinflussung in Abrede stellt oder seine Macht verschleiert.

8. Es gibt auch des Guten zu viel. Keine Frage: Eine besonders wichtige Botschaft müssen Sie manchmal mehrmals und auf unter-

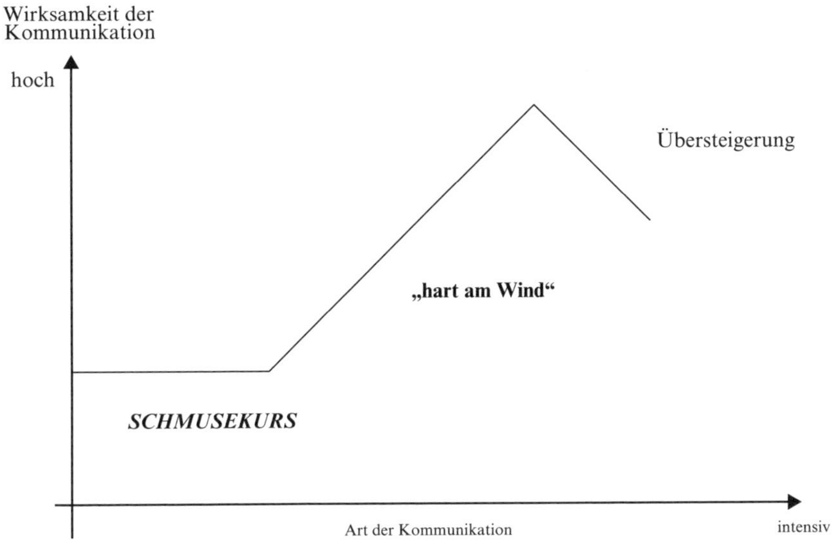

Abb. 5.1 Kommunikation „hart am Wind“

schiedlichen Wegen auf die Reise schicken, damit sie ankommt. Vorsicht aber vor Stereotypen: Viele Menschen reagieren gereizt auf Wiederholungen und sind danach nur noch schwer zugänglich.

9. Der Appetit kommt beim Essen. Nur informierte Mitarbeiter sind engagierte Mitarbeiter. Mit zunehmender Intensität der Kommunikation steigt aber das Anforderungsniveau an das Führungsteam, noch etwas Neues zu bieten. Wenn Sie Ihre Mitarbeiter gut informieren, werden sie eher unruhig sein, kritische Fragen stellen und von Ihnen Entscheidungen erwarten. Informierte Mitarbeiter sind engagiert, aber eben auch voller Erwartungen.

10. Wirksame Kommunikation ist „hart am Wind“ (Abb. 5.1). Weder der Schmusekurs, der meist geringes Vertrauen in die Kraft des eigenen Argumentes und in die Wertigkeit der eigenen Person vermittelt, noch eine übersteigerte Kommunikation, die sich durch hohen emotionalen Druck im Gespräch und Facetten der dunklen Seite der Macht zeigt, sind sinnvoll. Kommunikation „hart am Wind" setzt auf persönliche Statements (Ich-Botschaften), echte, angemessene Emotionen und klare Vorstellungen. Interessengegensätze werden aktiv angesprochen und in einer Dialogkultur ausgetragen.

▶ Zehn bewährte Kommunikationsgesetze bewahren das Führungsteam vor Anfängerfehlern bei der Gestaltung der Informationspolitik.

5.2 Vorsicht vor tapferen Helden

Auf dem Weg, die Informationspolitik abzustimmen, treffen Führungsteams häufig auf Verhaltensmuster, die ich als Heldentum bezeichne. Starallüren sind nur ein typisches Beispiel für dieses heldenhafte Verhalten von machtbewussten Managern.

Immer wenn es schwierig wird, der Workload hoch ist, immer wenn besondere Leistungen verlangt werden, wenn etwas ganz Besonderes passieren muss, dann betreten sie die Bühne: Helden. Sie vollbringen große Taten, in früheren Zeiten wagten sie für andere sogar ihr Leben. Überall finden sie die Einladungen, sich nicht als Führungskraft, sondern als Held zu inszenieren, d. h. nicht den Weg der Gruppe zu suchen, sondern es allein zu schaffen. Insbesondere die in Kap. 4 beschriebenen Alpha-Tiere sind anfällig für heldenhafte Alleingänge.

Heldenhafter Einsatz wird fast immer hochgelobt. Oder haben Sie schon einmal erlebt, dass ein Kapitän dafür gefeiert und belobigt wurde, dass er das Schiff unter Einhaltung des Kraftstoffbudgets und zur vereinbarten Zeit ohne Ladungsverlust in den Hafen gesteuert hat? Nein, diejenigen, die Stürme überstanden, Untiefen umschifft und mit einen Leck immer noch weiter volle Fahrt machten, werden in den Betriebsversammlungen und wöchentlichen E-Mails des Gesellschafters, Aufsichtsrates oder Vorstandes lobend hervorgehoben!

Managementhelden sind beliebt, denn sie organisieren, erledigen und bringen da zu Ende, wo andere längst nicht mehr weitergemacht hätten. Damit kompensieren sie persönlich häufig Themen, die in der Struktur des Unternehmens selbst nicht sinnvoll organisiert sind. Sie überdehnen ihre Rolle und opfern sich zum Wohle der Aufgabe an einer klaffenden Schnittstelle auf, indem sie durch ungeheuren persönlichen Einsatz eine Brücke bilden. Aber der Graben bleibt bestehen! Sie versuchen, sich durch persönliche Kommunikation überall direkt abzusichern, und machen dann fast alles doch gleich selbst, statt das Fehlen von Befugnis, Zuständigkeit und Ressourcen zu thematisieren. Sie erfinden lieber das Rad neu, statt nicht funktionale Prozesse, intransparente Rollen und stumpfe Werkzeuge offenzulegen.

Es ist klar, warum Helden so beliebt sind: weil sie persönlich dafür sorgen, dass trotz der Hindernisse das Unternehmen funktionsfähig ist!

Heldenhafte Managementrunden erkennt man schnell an drei typischen Charakteristiken:

Vorschnelles Commitment, d. h. die Konzentration auf die operativen Macher. Double Loop Learning und abgestimmte Informationspolitik werden als zu aufwendig und nicht effektiv diskriminiert. Widerstände werden meist gebrochen, Unterschiede eher ausgeblendet und die Mannschaft schnell mit aller Macht („shut up and deliver") auf die Aufgabenlösung angesetzt.

Kontrollillusion, d. h. die Abwesenheit von Alternativen und Szenarien, um das klare Bild der richtigen Lösung und notwendigen Managementtools nicht zu gefährden. Unsicherheit wird mit statistischer Managementmethodik und einseitiger Informationspolitik wegkalkuliert. Harte Pläne und deren konsequente Kontrolle lassen keine Zweifel aufkommen, welcher Weg der richtige ist, sei er auch noch so anspruchsvoll und steinig.

Die Abwesenheit von Führung und Gruppendynamik, d. h. die fast ausschließliche Konzentration auf die Aufgabe Management und ständige Anwesenheit im Maschinenraum der Instrumentenebene. Strategie- und Strukturebene (Abb. 1.1) werden in der Hektik des operativen Tageskampfes kaum beachtet, Kontextführung, die den Kontakt zur Organisationsumwelt pflegt, findet nicht statt. In heldenhaften Managementrunden wird lieber einen halben Tag über interne Verrechnungssätze gestritten, als in konkreten Szenarien über neue Märkte nachzudenken.

Alle drei Charakteristika von heldenhaften Managementrunden nutzen die Kunst der Verführung. Ähnlich wie Adams Apfel, versprechen die Managementtechniker im Maschinenraum der Instrumentenebene richtige Entscheidungen auch in einer ungewissen Welt und sicher planbare Prozesse trotz Komplexität. Dieser Weg scheint tapfer, ist aber nicht klug!

Wirksame Führungsteams schlagen den Apfel aus, denn sie nutzen die Kraft der Gruppe und unterscheiden sich in vor allem in vier Punkten von der Managementrunde, der immer noch Heldenkämpfe ficht. Sie arbeiten erstens mit Beschreibungen, anstatt von einer „objektiven Wahrheit" auszugehen. Sie denken zweitens in Alternativen, anstatt nach eindeutigen Lösungen zu suchen. Drittens setzten sie auf Vernetzung statt auf lineare Kausalketten, um schließlich viertens unter Risiko das eigentlich Unentscheidbare zu entscheiden, anstatt bei ungeplanten Situationen entscheidungsunfähig zu sein.

Der nachfolgende Fragebogen hilft Ihnen einzuschätzen, wie sehr Ihr Team zu Heldentum neigt.

▶ Seien Sie auf der Hut vor tapferem, aber nicht klugem Heldentum, das Sie an vorschnellem Commitment, Kontrollillusionen und der Konzentration auf das operative Tagesgeschäft erkennen.

Neigen wir zu Heldentum?

Bitte geben Sie für jede Aussage diejenige Punktzahl an, die auf Sie momentan zutrifft. Vergeben Sie die Punktzahlen entlang der unten stehenden Skala entsprechend Ihrem ersten Eindruck. Der Test ist umso aussagekräftiger, je ehrlicher Sie sich selbst gegenüber sind.

Die Aussage trifft für uns zu:

1	2	3	4	5
kaum		gelegentlich		häufig

1. In schwierigen Situationen können wir uns schnell zusammenraufen und das Notwendige tun.
2. Bei uns geht das Tagesgeschäft vor.
3. Wer Visionen hat, soll zum Arzt gehen.
4. Die meiste Zeit verwenden wir zur Formulierung von Verhaltensregeln und Steuerungsinstrumenten.
5. Externe Beratung brauchen wir nur selten.
6. Wenn wir einen neuen Weg beschreiten, orientieren wir uns am Best Practice.
7. If you can't measure it, you can't manage it.
8. Anstrengend wird es bei uns meistens dann, wenn jemand unsachlich argumentiert.
9. Jeder kehre zunächst vor seiner Tür, bevor er anderen Vorschriften macht.
10. Heikle Themen klären wir bilateral.
11. Statt „Window Dressing" zu betreiben, kümmern wir uns um wichtige Probleme.
12. Vertrauen ist gut, Kontrolle ist besser.

Bitte notieren Sie die Punktzahl Ihrer Antworten und addieren Sie die entsprechenden Zahlen.

Auswertung:

45–60: Ihr Führungsteam scheint gute Voraussetzungen für ein heldenhaftes Managementteam aus Machern und Einzelkämpfern zu haben. Sie bevorzugen das Operative und Klare und setzen Tools und Techniken sehr gern ein.

25–45: In Ihrem Führungsteam wechselt Heldenmut mit Phasen der wirksamen Kooperation unter Beachtung der Gruppendynamik. Bitte schauen Sie noch einmal auf die Beantwortung der Einzelfragen: Gibt es bestimmte Aussagen mit hohen Werten, die sich zu Oberthemen, bei denen Sie eher heldenhaft agieren, zusammenfassen lassen? Oder liegen viele Ihrer Antworten im Bereich um „gelegentlich", d. h. den Wert „3" herum? Dann scheint es so, als ob Sie sich zwar der Gefahren des Heldentums bewusst sind, aber sich nicht „trauen", ganz darauf zu verzichten. Fallen Ihnen da eine oder mehrere Situationen ein, in denen Sie den Apfel des vorschnellen Commitments, der Kontrollillusion und der Abwesenheit der Gruppendynamik doch gern essen?

0–25: Hier sieht es so aus, als ob Ihr Führungsteam die Einladung zur heldenhaften Managementrunde ausschlägt. Statt auf tapferen Kampf zu setzen, nutzen Sie klug die Chancen, die ein wirksames Führungsteam bietet.

Literatur

Doppler, K., Lauterburg, C.: Change Management. Frankfurt a. M. (2008)

Franck, G.: Ökonomie der Aufmerksamkeit. Carl Hanser, München (1998)

Weyand, G.: Das gewisse Extra. manager Seminare Verlags GmbH, Bonn (2008)

Weyand, G.: Praxisbuch Beratermarketing. mi-Wirtschaftsbuch, München (2010)

Das Team pflegen: Regelmäßige Rüstzeiten schaffen Gelassenheit

6

Zusammenfassung

Auch in der Gestaltung ihrer Tagungen machen Führungsteams einen wirksamen Unterschied. Sie gehen nicht einfach mal nach draußen, sondern organisieren Team-Rüstzeiten, in denen durch neue Formate wie kollegiale Beratung, Lernreisen und „Staff Rides" für die notwendige Störung der operativen Routine gesorgt wird. So halten sie das Team lebendig und produktiv.

Ein funktionierendes Führungsteam braucht regelmäßige Pflege, denn die Gruppenentwicklung vollzieht sich eben nicht wie eine Bergtour, bei der man sich ausruhen könnte, wenn man irgendwann auf dem Hügel angekommen ist.

Bis jetzt hat das Team den Prozess der Bildung durchlaufen und Rituale und Vertrauen aufgebaut. Vereinbarte Ziele werden aktiv verfolgt, die professionelle Basis ist für alle spürbar, Feedbacks erfolgen persönlich, zeitnah und direkt. Alle Führungskräfte im Team wissen, das Gruppen sich nur dann weiterentwickeln, wenn Mindfulness, Harmonie und Differenzierung möglich ist. Nur dann wachsen die Handlungsoptionen und eine produktive Gruppendynamik entsteht.

O. Hinz, *Das Führungsteam*, DOI 10.1007/978-3-658-03891-5_6,

6.1 Sich rüsten zu neuer Form

Anders als Managementrunden nehmen Führungsteams keine Auszeiten und „Offsites“, um endlich mal abseits des operativen Tagesgeschäfts miteinander zu sprechen, sondern veranstalten miteinander Team-Rüstzeiten. Der Begriff Rüstzeit soll dabei den Unterschied zu üblichen Workshops und Tagungen kennzeichnen. Dabei hat der Begriff Rüstzeit mehrere ursprüngliche Bedeutungen:

- die Zeitdauer des Einrichtens einer Maschine bzw.
- die Zeitdauer zum Anlegen von Dienstkleidung und -ausrüstung oder
- das seelsorgliche Angebot der Kirche.

In den ersten beiden Fällen kennzeichnet Rüstzeit die Tätigkeiten zur Vorbereitung der eigentlichen Aufgabe. Und das trifft genau den Zweck der Rüstzeit im Führungsteam: sich konzentriert vorzubereiten auf die Führung der Unternehmung, des Bereiches, der Abteilung etc. Der Begriff Rüstzeit symbolisiert auch, dass diese Vorbereitung regelmäßig geschieht und eben kein einmaliger bzw. nach Lust und Laune stattfindender Vorgang ist. Gerade der Charakter der regelmäßigen Vorbereitung unterscheidet Team-Rüstzeiten eines wirksamen Führungsteams von Managementrunden „Offsites“, wo die Qualität des Weines und der Incentives nicht selten wichtiger als die Arbeit ist.

Die Bedeutung des Wortes im kirchlichen Bereich findet ebenfalls Resonanz in einer gelungenen Team-Rüstzeit. Das Führungsteam trifft sich, um ein – bisher kaum bewusstes–Thema zu vertiefen und sich Neuem zu öffnen, d. h. sich geistig zu rüsten.

Team-Rüstzeiten halten die Führungsarbeit lebendig, denn sie sind als Interventionen, die die Routine stören, organisiert. Regelmäßig wird hier die gemeinsame Arbeit reflektiert, echtes Double Loop Learning praktiziert und die bisherigen Verabredungen auf ihre Nützlichkeit hin überprüft. In wechselseitigem Vertrauen und in hoher individueller Verlässlichkeit werden Verbesserungspotenziale angesprochen und bearbeitet.

6.2 Neue Arbeitsformen nutzen

Damit kein Missverständnis aufkommt: Workshops, Klausuren und Tagungen sind und bleiben notwendige Formate der routinierten Zusammenarbeit. Dani Rey geht in seinem Beitrag am Beispiel der Jahresklausur ausführlich darauf ein (Kap. 8).

Dagegen sind Team-Rüstzeiten bewusst darauf angelegt, die Routine zu unterbrechen, um so ein effektives Double Loop Learning zu ermöglichen. In meiner Praxis habe ich dabei gute Erfahrungen mit einem Mix aus bekannten Workshop-Methoden und neuen Formaten, die das Team an der Grenze zwischen Organisation und Umwelt arbeiten lassen, gemacht. So wird die zentrale Aufgabe der Kontextführung (vgl. Kap. 1) auch in der Team- Rüstzeit in den Fokus gerückt.

Drei Ankerpunkte bilden das Rückgrat der Team-Rüstzeit:

- konkrete Anliegen der Teilnehmer, die nach der Methode der kollegialen Praxisberatung im gemeinsamen Teamcoaching bearbeitet werden,
- eine die Routine unterbrechende Intervention, die z. B. als Learning Journey, Staff Ride etc. organisiert ist, und
- eine kurze Reflexion der Vereinbarungen zu Rollen, Gruppenregeln und Informationspolitik, die vor dem Hintergrund der Ergebnisse der beiden ersten Anker erfolgt.

Ein **Teamcoaching, das mit der Methode der kollegialen Beratung** durchgeführt wird, ermöglicht den „freien Blick" auf Themen, Konflikte und (Schein-)Harmonien im Alltag. Transparenz und Struktur des Verfahrens verhindern, dass vorschnelle Beurteilungen zu vermeintlichen Lösungen werden, und implementieren so einen kontinuierlichen Double-Loop-Verbesserungsprozess.

Die Teilnehmer erhalten Anregungen und Handlungsmöglichkeiten für Praxisfälle des Tagesgeschäftes. Die regelmäßige Teilnahme an kollegialer Beratung ermöglicht

- eine strukturierte Reflexion des Führungs- und Arbeitsstils,
- die Verbesserung des Gruppenzusammenhaltes,
- die Verbesserung der Kommunikations- und Problemlösefähigkeiten,
- einen breiten Blick für die Themen im Umfeld und die Herausforderungen der Kontextführung
- sowie nicht zuletzt
- die praktische Übung der persönlichen Beratungs- und Coachingkompetenzen.

Drei zentrale Rollen braucht eine wirksame kollegiale Beratung (Abb. 6.1):

Der **Fallgeber/Ratsuchende** schildert sein Anliegen plastisch und konkret, um seine Sicht und „Befasstheit" für alle so weit wie möglich nachvollziehbar zu machen. Von Vorteil ist dafür eine lebendige, lebensnahe und konkrete Schilderung des Anliegens: Gedanken, Gefühle, intuitive Reaktionen, Erwartungen, Ängste, Freude etc., die das Anliegen auslöst. Wichtig ist dann die Formulierung des Anliegens in Form einer Frage, um die kollegiale Beratung in der Folge zu fokussieren.

Der **Moderator** achtet einerseits auf die inhaltliche und zeitliche Disziplin der Teilnehmer, um die Effizienzvorteile der Struktur eines kollegialen Beratungsprozesses sicherzustellen. Auf der anderen Seite unterstützt der Moderator den Fallgeber bei der Formulierung seines Anliegens und achtet auf die Rollenklarheit der Berater. Eine gute Moderation ist für das Gelingen der Beratung wichtig und wird daher von der Rolle eines kollegialen Beraters getrennt!

max. Dauer	Phase	Was geht vor?	Fallgeber	Berater	Moderator
5'	Casting	Rollenverteilung: Wer hat ein Anliegen? Wer moderiert? bei mehreren Anliegen: Ablaufplan/Priorisierung.			
5'-10'	Anliegen	Der Fallgeber stellt dar, wozu er den Rat der Anwesenden möchte.	beschreibt die Situation nachvollziehbar und ausführlich; formuliert die Frage	hören zu	begleitet den Fallgeber
10'	Befragung	Die anderen (Berater) stellen Verständnisfragen, bis sie das Thema und die erforderlichen Zusammenhänge ausreichend verstanden haben.	antwortet konkret und anschaulich auf die gestellten Fragen	befragen den Fallgeber und klären dabei nur ihr Verständnis	achtet auf das Ausbleiben von Interpretationen und Suggestivfragen
2'	Fokussierung	Der Fallgeber präzisiert die Frage an die Berater im Lichte der Verständnisfragen.	formuliert die Frage ggfls. neu	hören zu	achtet darauf, dass nur die Frage fokussiert wird
5'	Gefühle und Impulse	Die Berater äußern sich kurz, welche Gefühle und Impulse sie zu der geschilderten Situationhaben.	in den nächsten Schritten hört er zu, ohne weitere Informationen zu geben, etwas zu ergänzen oder klarzustellen	äußern sich spontan und kurz (max. 3 Sätze)	achtet auf kurze Aussagen und spiegelt Rationalitäten
10'	Einordnung des Anliegens	Die Berater interpretieren die Situation und den Kontext, benennen, welche Aspekte ihnen relevant erscheinen, und entwickeln ein Gesamtverständnis ihrer Beratungsrichtung.	s.o., macht sich Notizen	erarbeiten die Stoßrichtung der Beratung und erhellen den Kontext des Anliegens	keine Diskussionen
5'	Komplimente	Die Berater benennen, was ihnen am Vorgehen und den Lösungsansätzen des Fallgebers gefällt.	s.o., macht sich Notizen	würdigen das Gute und Positive als Quelle der Veränderung	keine Diskussionen
15'	Empfehlungen	Die Berater geben Empfehlungen- konkret auf die Fragestellung des Fallgebers bezogen.	s.o., macht sich Notizen	sagen/schreiben, was man anstelle des Fallgebers tun würde	keine Diskussionen, nutzt Moderationstechniken
10'	Abschluss	Der Fallgeber sagt, welche Gedanken, Aspekte und Empfehlungen ihmwertvoll erscheinen, und bedankt sich für die Anregungen und die Hilfe.	gibt erste spontane Resonanz; dankt für die Hilfe	hören zu	achtet auf Zeit und darauf, dass der Fallgeber sich bedankt

Abb. 6.1 Typischer Ablauf einer kollegialen Beratung

Die restlichen Teilnehmer sind als **kollegiale Berater** tätig und nehmen in den unterschiedlichen Phasen des Prozesses verschiedene Aufgaben wahr (Zuhören, Verständnis klären, Analyse und Unterbreiten von Lösungsvorschlägen). Mit zunehmender Dauer steigt ihre Aktivität und Beteiligung am Prozess (siehe Abb. 6.1).

Die drei Rollen sind nicht an einzelne Personen gebunden, sondern wechseln immer dann, wenn ein neues Anliegen vorgestellt wird.

Anliegen, die mir innerhalb von Führungsteam-Rüstzeiten begegnet sind, waren:

- Der Hauptgesellschafter schaut „neidisch" auf unser Wachstum als Führungsteam. Er hat das Gefühl, „ausgeschlossen" zu sein. Wie wollen wir uns verhalten?
- Ich bin unzufrieden mit unseren letzten beiden Entscheidungen, die ich für die Organisation zwar als sinnvoll erachte, aber in meinem Bereich nicht gut aufgenommen wurden. Ich fürchte, die Loyalität meiner Mitarbeiter zu verlieren. Wie kann ich beiden Seiten gegenüber loyal sein?
- Unsere Performance leidet durch die zu langen Diskussionsprozesse. Wie können wir schneller werden, ohne Qualität zu verlieren?

Kollegiale Beratung ist effizient, benötigt wenig Aufwand und eignet sich gut für Führungsteams, in denen eine ausreichende Vertraulichkeit herrscht. Sie ermöglicht Beratung über die Fachdisziplin hinweg und kann mühelos Unterschiede produktiv nutzen. Kollegiale Beratungsprozesse bearbeiten aktuelle Situationen handlungsorientiert, stärken die Führungskompetenzen praxisnah und erweitern den professionellen Handlungsspielraum der Teilnehmer.

Eine **Learning Journey** folgt der Erkenntnis, dass Reisen bildet. In ein bis 14 Tagen besucht das Führungsteam „fremde Organisationen", um sie zu beobachten, neugierig mit den Menschen dort ins Gespräch zu kommen und so Unterschiede zu entdecken, die zur Kontextführung ihrer eigenen Organisation einen Unterschied machen. Dabei ähneln diese „Lernreisen“ eher einer Expedition als einem Betriebsbesuch. Denn bei einem Betriebsbesuch steht oft die Präsentation durch den Besuchten im Vordergrund – das Unternehmen, bei dem man zu Gast ist, bestimmt die Agenda und „zeigt, was es gern zeigen will“. In einer Lernreise gehen die Teilnehmer auch selbst „auf Tour“ und setzen die Agenda selbst, d. h., sie betrachten nicht nur das, was geboten wird, sondern spüren auch manches auf, was gar nicht in der Schaufenster Auslage gelegen hat. So hat ein Führungsteam, das zum Thema „Führen im Sturm“ arbeiten wollte, folgendes Programm für seine Learning Journey absolviert:

- Patrouillenfahrt mit einem Seenotrettungskreuzer, „Mann über Bord“-Übung und Übungsmanöver zur Bergung eines gekenterten Segelschiffes
- Arbeit im Schiffs-Simulator
- Workshop beim Wetterdienst: Wettersimulation, Unwetterwarnung
- Besuch beim Lagezentrum/Krisenstab einer großen deutschen Verwaltungseinheit

Der Aufwand für die Vorbereitung einer Lernreise ist nicht zu unterschätzen. Die Bereitschaft potenzieller Zielorte/-organisationen ist zu eruieren, Termine sind zu koordinieren, die Zielorganisation auf die Journey (und die unterschiedlichen Erwartungen im Vergleich zu einer Betriebsbesichtigung) vorzubereiten und die Reise zu organisieren. Dabei zeigt die Erfahrung, dass ein sechsmonatiger Vorlauf eher knapp bemessen und die Kontakte und Erfahrung einer Veranstaltungsagentur sehr hilfreich sind.

Ein **Staff Ride** ist eine der effektivsten Methoden, um aus Fehlern und „beinahe Katastrophen“ durch systematisches Profiling zu lernen. Der Begriff kommt ursprünglich vom Militär, wo Offiziere nach einer Schlacht das Feld abritten, um etwas über die Zusammenhänge zu lernen, die dem Schlachtverlauf zugrunde lagen. Weick und

Sutcliffe (2007) haben dieses Vorgehensmodell für Organisationen entdeckt und umsetzbar gemacht.

Zu Beginn dieser Ereignis-Erkundung steht die Rekonstruktion des Vorfalls mit möglichst vielen damals Beteiligten. Hierbei kommt es darauf an, durch Skizzen, Bilder und Nachstellung der Ereignisse vor Ort möglichst genau nachzuvollziehen, wie es begann und was geschah. Annette Gebauer (2010) weist darauf hin, dass es dabei nie zu wenig Realitätsnähe geben kann, denn

> […] die Geräuschkulisse, Gerüche, vorhandene Kommunikationskanäle und Werkzeuge – all das trägt dazu bei, sich besser in die Situation hineinversetzen zu können.

Die Teilnehmer des Staff Rides bereiten einen umfangreichen Fragenkatalog vor, der von Wertschätzung und der Abwesenheit von Belehrung und Besserwisserei geprägt ist. Mit diesen Fragen gehen sie dann die verschiedenen Stationen ab und beobachten möglichst vorurteils- und hypothesenfrei, was und wie ihnen das Ereignis geschildert wird. Erst nach dem Staff Ride wird in einem zweiten Schritt mit dem Austausch von Hypothesen, der Ursachenanalyse und der Bearbeitung von zukünftigen Veränderungsoptionen begonnen.

Ein Staff Ride ist mehr als die übliche Fehleranalyse oder Nachbesprechung. Durch das Beleuchten eines Ereignisses von allen Seiten, „mit allen Sinnen“ und die Gestaltung als schuldfreie Beobachtung kann nicht nur etwas herausgefunden, sondern etwas gelernt werden.

Tabelle 6.1 zeigt, wie die verschiedenen Bauteile einer Team-Rüstzeit zusammengefügt werden können und die Team-Rüstzeit dann abläuft.

Tab. 6.1 Typisches Design einer Führungsteam-Rüstzeit

	Arbeitsthema	Nutzen/Arbeitsziel
Tag 1		
Vormittag	Sammlung von Anliegen Abfrage zu Teamstimmung, leistungsfähigkeit und -produktivität	Die Themen bestimmen, die die Gruppe aktuell beschäftigen
Nachmittag	Kollegiale Praxisberatung/ Teamcoaching	Reflexion des Handelns des Führungsteams entlang konkreter Anlässe im Tagesgeschäft Konkrete Veränderung verabreden
Abend	Einarbeitung in das Thema der nächsten Tage	Einstimmung auf den Staff Ride, die Learning Journey etc.
Tage 2 & 3 (evtl. 4)	Durchführung Learning Journey, Staff Ride etc Auswertung der Intervention (Beobachtungen und relevante Erkenntnisse)	Siehe Text
Tag 4		
Vormittag	Reflexion der Team Vereinbarungen	Entdeckung von Mustern, dysfunktionaler Gruppedynamik und bisher ungenutzten Chancen
Nachmittag	ggf. Veränderung	Übertragung der Reflexion in das Führungshandeln

- Eine Führungsteam-Rüstzeit nutzt bewährte Formate des Double Loop Learnings wie z. B. Teamcoaching/kollegiale Beratung, Lernreisen und Staff Rides, die die Routine unterbrechen. Durch diese Irritation wird die Kooperation im Führungsteam lebendig gehalten, neuen Situationen angepasst und damit die Kompetenz zur Kontextführung weiter auf hohem Niveau gehalten.

Literatur

Gebauer, A.: Aus Katastrophen lernen. Wirtsch. wirktschaft & weiterbildung. **10,** (2010)

Weick, K. E., Sutcliffe, K. M.: Das Unerwartete Managen. Klett-Cotta, Stuttgart (2007)

7 Für eilige Leser: Sechs Schritte von der Managementrunde zum Führungsteam

Zusammenfassung
Von einem wirksamen Führungsteam sind Sie nur sechs konkrete Schritte entfernt. Wie Sie diese gehen, zeigt der Überblick in diesem Kapitel: ein kurzes management summary für diejenigen, die es im Moment eilig haben und sich erst später dem gesamten Text widmen.

Schritt 1: Führung intensivieren, statt noch mehr Management zu betreiben

Führungsteams entfalten ihre volle Wirksamkeit, wenn sie auf der Führungsbrücke bleiben, ihre Energie klar auf die Strategie- und Strukturebene fokussieren und nur selten in den Maschinenraum der Management-Instrumente hinabsteigen.

In einer Zeit, die von zunehmender Komplexität, abnehmender Prognosesicherheit und Trendbrüchen gekennzeichnet ist, ist Kontextführung durch ein Führungsteam die wirksame Antwort einer Organisation, die weiterhin erfolgreich bleibt.

Für Führungsteams sind klare Rollen die notwendige Bedingung, um erfolgreich zu sein. Denn nur auf der Basis des Bewusstseins für die Rolle jedes Einzelnen kann ein wirksamer Teamentwicklungsprozess entstehen. Erst wenn ich mir über meine berufliche Rolle im Klaren bin, kann ich mit den ande-

O. Hinz, *Das Führungsteam*, DOI 10.1007/978-3-658-03891-5_7,

ren Team-Mitgliedern sinnvoll über die Kooperation im Führungsteam sprechen.

Die Rollenklärung erfolgt in drei Stufen, in denen die Erwartungen der Stakeholder mit den persönlichen Erwartungen verglichen werden. So wird eine wirksame Rollenausübung möglich, denn das Ergebnis schafft Klarheit über die Rollenerwartungen, die sie erfüllen wollen, erfüllen müssen und wo ihre Authentizität an professionelle Grenzen stößt.

Zum Führungsteam entwickelt sich die Managementrunde nur dann, wenn Gemeinsamkeiten und Unterschiede gleichermaßen thematisiert werden. Diese Entwicklung vollzieht sich in Phasen, wobei einmal die Gemeinsamkeiten und ein anderes Mal die Unterschiede stärker betont werden.

Schritt 2: Die Kraft der Gruppe nutzen, um unter Unsicherheit planen und entscheiden zu können

Wenn Ungewissheit zunimmt, beherzigen erfolgreiche Führungsteams zwei Dinge: Sie leben erstens ein neues Verständnis von Planung und nutzen zweitens die Kraft der Unterschiede und der Dynamik im Team.

Denn das traditionelle Planungsverständnis gleicht einer Planwirtschaft und engt jeden strategisch denkenden und wirtschaftlich handelnden Mitarbeiter ein. Im Versuch, die Kontrollillusion der Managementtechnik durchzusetzen, werden die Kreativität und Energie der Mannschaft im Maschinenraum gefangen genommen, statt sie auf das Denken in Alternativen auszurichten.

Wirksame Führungskräfte ersetzen deshalb die traditionelle starre Planung durch die Offenheit mehrerer sinnvoller Alternativen. Dies bringt sie dazu, immer in konkreten Szenarien zu denken, um am Ende unentscheidbare Entscheidungen treffen zu können.

Führungsteams, die Ungewissheit von vornherein einbeziehen, statt zu versuchen, sie durch Planungsprozesse wegzukalkulieren, nehmen Überraschungen den Schrecken und stellen sicher, dass sie sinnvoll auf Neues reagieren können. Genau das ist es letztlich, wofür Führungskräfte gebraucht werden. Denn starre Pläne stur abarbeiten könnten auch Maschinen.

Durch die Bündelung von Kontextwissen, Erfahrung und den Umgang mit Unsicherheit ist ein funktionierendes Führungsteam einer Einzelperson in den Bereichen flexible Planung und unentscheidbare Entscheidungen überlegen. Ein Führungsteam, das nicht funktioniert, trifft dagegen keine besseren Entscheidungen (vielleicht sogar schlechtere) als Einzelpersonen und braucht dafür mehr Ressourcen.

Wirksame unentscheidbare Entscheidungen gelingen, wenn das Führungsteam in einen FORDEC-Prozess gut mit der unsicheren Situation umgeht, bewusst eine Entscheidungsregel nutzt und darüber nicht vergisst, ebenso auf den Bauch zu hören wie auf Zahlen, Daten und Fakten.

Schritt 3: Hart am Wind sein, um Unterschiede zu schätzen und Widerstand zu nutzen

Nur wenn Führungsteams in der Lage sind, Widersprüchlichkeiten gelassen wahrzunehmen und Unterschiede schätzen zu können, erreichen sie die Effektivitätsstufe, die notwendig ist, um erfolgreich zu sein. Reflexives Lernen schaut hinter die Kulisse der zu einfachen Kausalität von Aktion und Reaktion. So verlassen Führungsteams die traditionelle Ebene des Managements, das nur die Anpassung an neue Situationen optimiert. Damit erreichen sie nachhaltige Verbesserungen, die auch die Rahmenbedingungen, Normen, Werte, Einstellungen und Verhaltensmuster betrachten und verändern.

Der Grundsatz, dass nur Unterschiede, die einen Unterschied machen, Kommunikation ermöglichen, eröffnet einen neuen Blick: Nur wenn Vielfalt und differenzierte Umweltbeobachtungen aller Mitglieder in die Führungskommunikation eingeführt werden, kann ein Führungsteam effektiv arbeiten.

Mindfulness, ein Konzept aus den vier grundlegenden Verhaltensprinzipien

- Förderung der Wahrnehmung von Unterschieden und Reflexionsschleifen,
- Begrüßen von Fehlern als Informationsquelle,
- Vertrauen zu Hypothesen, Szenarien und offenen Fragen und
- das Pflegen von flexiblen Formen der Planung und Entscheidungsfindung,

schafft die Grundlage für die notwendige kulturelle Veränderung hin zu einem Führungsteam.

Dabei ist das Auftreten von Widerständen ein sicheres Zeichen, dass das Führungsteam auf einem guten Weg ist. Wer diese Widerstände nutzt, statt sie zu brechen, mobilisiert nützliche Energie.

Schritt 4: Macht und Einfluss ausbalancieren, damit Alpha-Tiere nicht unter sich bleiben

Der gelassene Umgang mit Macht und Autorität ist unabdingbar. Die höhere Qualität von Führungsteams gegenüber Einzelpersonen zeigt sich dann, wenn die Führungskräfte regelmäßig gemeinsame Reflexionsschleifen durchlaufen und so dysfunktionales Autoritätsgehabe und die dunkle Seite der Macht beherrschen lernen.

Vertrauen fällt in Führungsteams nicht vom Himmel, sondern muss über das Einräumen von Vertrauensvorschuss

Schritt für Schritt erarbeitet werden. Sollte diese vorbehaltslose Strategie von anderen durch Misstrauensarbeit und Kontrollzwang unterwandert werden, hilft die klare, kompromisslose Abgrenzung, das Team wieder auf den Kooperationspfad zu führen.

Sofern alle Führungskräfte vorbehaltlos in den Vertrauensaufbau investieren und einen direkten Dialog riskieren, wird ein echtes Führungsteam entstehen. Dialoge ermöglichen Double Loop Learning und so eine neue Qualität der Zusammenarbeit im Führungsteam, die Unterschiede entdeckt, die vorher nie einen Unterschied gemacht haben.

Erwarten Sie Alpha-Tier-Verhalten beim Aufbau eines wirksamen Führungsteams. Statt davor naiv die Augen zu verschließen, ist die aktive Behandlung sinnvoll. Konfrontieren Sie klar und verbindlich mit der 3 B-Regel jedes Verhalten, dass die Teamarbeit verhindert oder das Team zerstört. Nutzen Sie aber auch die überdurchschnittliche Energie und Konflikterfahrung, die Alpha-Tiere mitbringen.

Schritt 5: Wirksame Informationspolitik statt Heldentum betreiben, damit sich das Team gut verkauft

Eine kraftvolle Botschaft, die sie bewusst inszenieren, unterscheidet Führungsteams von Managementrunden, die nur seichte Informationswellen oder einen Information Overload anbieten. Dazu ist eine kraftvolle Botschaftslinie vonnöten, die neugierig macht und zum Dialog einlädt.

Kluge Führungsteams wissen um die Starallüren einzelner Alpha-Tiere und begegnen diesem typischen Phänomen mit einer Informationspolitik, die Aufmerksamkeit bei denen erreicht, die von der Führungsinitiative wirklich betroffen sind. Moderne Kommunikationsformate, die wie das Szenario, Sounding Board, World Café und Open Space die Vielfalt und die Dynamik der Gruppe nutzen, sind Vier-Augen-Gesprächen und moderierten Feedback-Workshops dabei klar überlegen.

Zusätzlich schaffen Macht- und Stabilisierungsrituale Vertrauen und kommen dem Bedürfnis nach Orientierung entgegen. Zehn bewährte Kommunikationsgesetze bewahren das Führungsteam vor Anfängerfehlern bei der Gestaltung der Informationspolitik.

Dabei seien Sie auf der Hut vor tapferem, aber nicht klugem Heldentum, das Sie an vorschnellem Commitment, Kontrollillusionen und der Konzentration auf das operative Tagesgeschäft erkennen.

Schritt 6: Regelmäßig das Team pflegen, denn Team-Rüstzeiten schaffen Gelassenheit
Eine Führungsteam-Rüstzeit nutzt bewährte Formate des Double Loop Learnings wie z. B. Teamcoaching/kollegiale Beratung, Lernreisen und Staff Rides, die die Routine unterbrechen. Durch diese Irritation wird die Kooperation im Führungsteam lebendig gehalten, neuen Situationen angepasst und damit die Kompetenz zur Kontextführung weiter auf hohem Niveau gehalten.

Abbildung 7.1 gibt einen grundlegenden Einblick, in welcher zeitlichen Abfolge diese sechs Schritte gegangen werden. Dabei habe ich im unteren Teil auch skizziert, wie eine sinnvolle externe Begleitung ausgestaltet ist.

Der Weg zum Führungsteam vollzieht sich nicht in wenigen Wochen. Angesichts der vielfältigen Aufgaben und terminlichen Verpflichtungen, die die Mitglieder eines Führungsteams haben, ist ein Zeitraum von zwölf bis 18 Monaten realistisch.

Die ersten beiden Schritte auf dem Weg (Führung intensivieren, die Kraft der Gruppe nutzen sowie Planung und Entscheidung) wer-

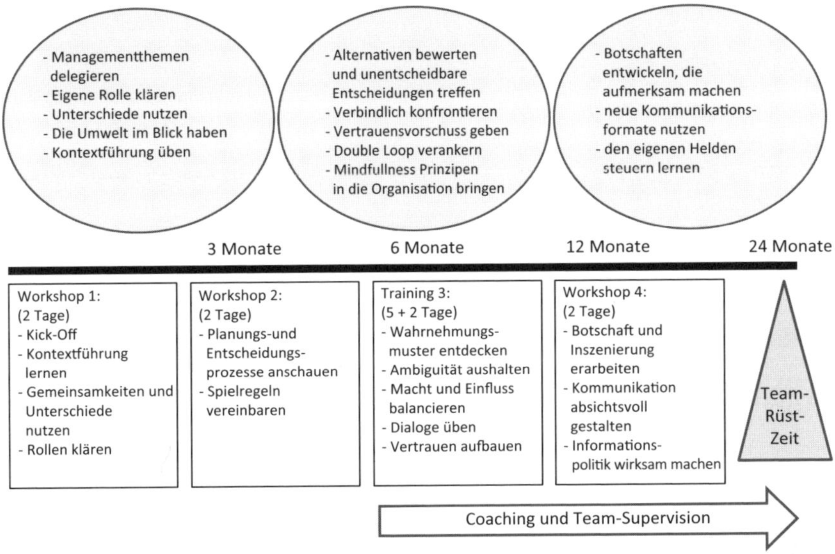

Abb. 7.1 Von der Managementrunde zum Führungsteam

den durch je einen zweitägigen Workshop unterstützt. Beide sollten zeitnah und innerhalb weniger Monate stattfinden, da sie die strukturelle Grundlage für das Teamentwicklungsprojekt bilden.

Danach folgt mit Schritt 3 (Unterschiede und Widerstand) und 4 (Macht und Einfluss) die Entwicklungsphase, die von den Teilnehmern als die intensivste erlebt wird. Sie wird durch ein gruppendynamisches Training, das in zwei Termine aufgeteilt ist, gut begleitet. Schritt 5 wird dann durch einen zweitägigen Praxisworkshop unterstützt, in dem anhand einer konkreten Führungsinitiative das notwendige Rüstzeug und Verhalten für wirksame Informationspolitik direkt genutzt werden. Begleitendes Coaching und Team- Supervision sind bewährte Methoden, das in den vier Veranstaltungen Gelernte im Tagesgeschäft fest zu verankern und so die Veränderung nachhaltig und robust zu gestalten. Regelmäßige Team-Rüstzeiten sorgen dann dafür, dass das erreichte Niveau der Führungsteamentwicklung gehalten bzw. weiter verbessert wird.

8 Wie der Jahresendworkshop der Geschäftsleitung gelingt

Zusammenfassung

Ob wir es mit einer Managementrunde oder mit einem im Sinne dieses Buches beschriebenem wirksamem Führungsteam zu tun haben, hat in der Praxis zweifellos Konsequenzen. Am Beispiel der Jahresendklausur wird deutlich, wie Führungsteams die typischen Fehler von Managementrunden: geringe Offenheit, oberflächliches committment, zu viel Nähe zum Objekt und Ressortegoismus überwinden.

In meiner Arbeit als Gestalter und externer Moderator/Coach bei solchen Veranstaltungen habe ich typische Themen erkannt, mit denen wirksame Führungsteams besser umgehen und damit einen deutlichen Unterschied zu Managementrunden machen:

- Notwendige Offenheit
- Genau hinschauen: Tiefenbohrung
- Distanz einnehmen
- Gemeinsames Lernen

Es ist typisch für die meisten Führungskräfte, dass sie nicht ausschließlich mit Führungsaufgaben befasst sind, sondern auch im Operativen mitarbeiten, spezielle Fachfunktionen ausführen und in verschiedenen Projekten mitwirken. Im Jahresendworkshop sol-

von Dani Rey entwicklerey gmbh, dr@entwicklerey.ch

O. Hinz, *Das Führungsteam*, DOI 10.1007/978-3-658-03891-5_8,

cher Leitungsteams begegne ich in der Regel einem Führungsteam mit zwei Hierarchieebenen, da es in aller Regel einen Chef (fast nie eine Chefin) gibt, dem die anderen Führungsteammitglieder direkt unterstellt sind.

8.1 Notwendige Offenheit

Einen Bereich einer Unternehmung zu führen, ist zu einem großen Teil Kampf um knappe Ressourcen. Einzelne Bereiche stehen in Konkurrenz bezüglich Investitionen, Headcounts, Marketingbudgets oder bezüglich Aufmerksamkeit des CEOs, des Unternehmers oder anderer wichtiger Stakeholder. In den allermeisten Fällen, wenn die Geschäftsleitungsmitglieder übers Jahr miteinander am Tisch sitzen, verstehen sie sich als Verantwortliche für ihren jeweiligen Bereich. Sie denken und argumentieren viel mehr aus dieser Bereichs-Optik als aus einer übergeordneten, gemeinsamen Unternehmensoptik. Es ist verständlich, wenn sie in der Jahresendklausur versuchen, den von ihnen verantworteten Bereich erst einmal im besten Lichte dastehen zu lassen, weil es im Normalfall übers Jahr wenig zielführend für sie ist, die Schwächen und Fehler des Bereichs transparent zu machen. Wirksame Führungsteams sind sich dessen bewusst. Sie haben ein Bewusstsein für ihre unterschiedlichen Rollen und sie verstehen es, mal die eine und mal die andere Rolle zu leben.

Das Thema Offenheit ist immer gekoppelt mit dem Aspekt Vertrauen (vgl. Kap. 4): Der Grad der gegenseitigen Offenheit ist ein guter Indikator für das Vertrauen innerhalb einer Gruppe. Um sich als Teil einer Gruppe selbst so wenig verletzlich wie möglich zu machen, tut man gut daran, seine Offenheit am Vertrauen zu der Person der Gruppe auszurichten, zu der man selbst das geringste Vertrauen hat. Das kann der Chef sein, bei dem sich allein wegen der asymmetrisch verteilten Macht etwas Vorsicht empfiehlt. Vielleicht ist es aber auch jemand, mit dem man bilateral bereits einen Konflikt hatte, oder die Person, die erst seit Kurzem Mitglied im Gremium ist. Daher wirft jeder Wechsel im Führungsgremium die Gruppe als Ganzes vorerst einmal wieder etwas zurück in der Vertrauensbildung. Oft höre ich den Leiter zum Auftakt sagen: „Es ist wichtig, dass wir hier offen und ehrlich zueinander sind und dass wir einander Vertrauen entgegenbringen." Für gewöhnlich nicken daraufhin alle zustimmend in der Runde. Nur sind die meisten dann auch nicht naiv und gehen es bezüglich Offenheit mit der entsprechenden Vorsicht an. Aus einer psychologischen Perspektive ist das sehr intelligent, weil offen sein immer ein Risiko darstellt. Es bedeutet, sich als Person angreifbar und verletzlich zu machen. Aus ökonomischer Sicht könnte man es als ineffizient beurteilen. So gesehen hilft Teamentwicklung, die Effizienz zu steigern, und es lohnt sich, zuerst Zeit und Energie in die ersten drei Schritte des Weges von der Managementrunde zum Führungsteam zu investieren, um miteinander auf einem hohen Vertrauens-Level möglichst schnell die entscheidenden Themen bearbeiten zu können.

Eine wichtige Grundlage für die notwendige Offenheit ist eine zielführende Fehlerkultur. Ist eher Schuldzuweisung und die damit verbundene reflexartige Suche nach möglichen Schuldigen die übliche Reaktion auf erkannte Fehler, ist kaum Offenheit zu erwarten. Vor allem dann nicht, wenn in einer Sache Fehler auf einen selbst zurückfallen könnten. Hier zeichnen sich Führungsteams aus, die Wert darauf legen, Fehler so schnell als möglich zu erkennen, um dann erstens alle verfügbaren Ressourcen dafür einsetzen zu können, die Sache in Ordnung zu bringen. Zweitens können sie sich der Analyse zuwenden, was zum Fehler geführt hat, und drittens alle Vorkehrungen treffen, Fehler dieser Art künftig zu verhindern.

Es gibt noch andere Gründe, Fehler nicht ans Licht zu bringen. So erinnere ich mich an einen Teilnehmer, der meinte: „Wenn ich hier ein ungelöstes Problem in das Gremium einbringe, ist die Wahrscheinlichkeit groß, dass ich mir damit einen Haufen Arbeit aufhalse. Da überlege ich mir lieber zweimal, ob ich etwas sage." Wie in Kap. 4 geschildert, können wir bei sogenannten „High Reliable Organizitions" (HRO) entdecken, dass Fehler als Informationsquelle begrüßt werden. So steht auf einem Flugzeugträger der gesamte Betrieb still, bis ein an Deck verlorenes Werkzeug wiedergefunden wird. Denn es hätte verheerende Folgen, wenn durch ein startendes Flugzeug z. B. ein Hammer aufgewirbelt und durch die Luft fliegen würde. In der Buchhaltungsabteilung der Firma XY geht es nicht um Leben und Tod. Dort kann der Betrieb vielleicht auch mal einen Tag weiterlaufen, obwohl es einen unbearbeiteten Fehler gibt. Es ist daher nicht notwendig, gleich alles stehen und liegen zu lassen. Aber es macht genauso wie auf dem Flugzeugträger Sinn, der Ungereimtheit konsequent auf den Grund zu gehen.

8.1.1 Welche Chancen ergeben sich durch Offenheit?

Durch die adäquate Offenheit innerhalb des Führungsteams können zum Jahresende entscheidende Momente des vergangenen Jahres noch einmal kritisch hinterfragt statt nur schöngeredet werden. Die Distanz (dazu später mehr) macht es einfacher, nüchtern hinzuschauen, und der Anlass der Jahresendklausur gibt den Rahmen vor, der die notwendige Zeit zur Verfügung stellt, die Unterschiedlichkeit im Führungsteam konstruktiv einzusetzen, um notwendige Schlüsse zu ziehen. Hier erinnere ich mich an verschiedene erhellende Momente für die Teilnehmenden in solchen Workshops, weil sich Kollegen aus dem Führungsteam erst hier zum ersten Mal explizit zu einem wichtigen Ereignis geäußert haben. So entsinne ich mich an ein Beispiel, bei dem ein Bereichsleiter im vergangenen Jahr verschiedene unglückliche Mitarbeiterrekrutierungen vorgenommen hatte. Gleich mehrere neu eingestellte Mitarbeiter konnten die Erwartungen nicht erfüllen oder verließen teilweise noch in der Probezeit das Unternehmen. Im Jahresendworkshop bekam er nun ganz spezifische Hinweise von seinen Kollegen. So sagte einer: „Meines Erachtens wurde bei Kandidat Meier zu wenig beachtet, dass er es in diesem Job mit einer anderen Kundengruppe zu tun haben wird als bisher gewohnt. Da müssen wir künftig genauer hinschauen!" Dann hörte er auch Entlastendes, wie: „Im Kandidaten Müller habe auch ich mich total getäuscht. Auch ich habe ihm zugetraut, in diesem Job zu reüssieren."

8.1.2 …und wie sie gelingt

Wie schon erläutert wurde, ist Offenheit in einer Gruppe nichts, das man schnell verändern kann. Man kann im Workshop-Design allerdings begünstigen, dass das beschriebene Rollenphänomen (Bereichsleiter-Optik statt Unternehmens-Optik) gedämpft wird. Das beginnt damit, die beiden unterschiedlichen „Hüte“ Bereichsleiter und Mitglied des Führungsgremiums bewusst wahrzunehmen und sich klar zu werden, welche unterschiedliche Funktion die beiden haben. Dabei ist es wichtig, die gewohnte Rolle als Bereichsleiter keinesfalls abzuwerten. Erst wenn diese Rolle, mit der sich die Teilnehmenden oft mehr identifizieren, genügend wertgeschätzt und gewürdigt wird, ist die Voraussetzung gegeben, sich der anderen Rolle zuzuwenden. Es muss im Workshop unbedingt Zeit eingeplant werden, in der die Interessen des Bereichs eingebracht werden können.

Ich empfehle hier, in einer frühen Phase der Klausur eine solche Sequenz einzubauen, in der die Teilnehmenden ihre Bereichsleiter Rolle ausleben und aus dieser Sicht Anliegen und Kommentare einbringen können. Das hilft den Teilnehmenden, sich anschließend gelassener auf die gemeinsame Führungsperspektive einzulassen, weil sie wissen, dass ihre Anliegen gehört wurden.

Ich erlebe CEOs manchmal als sehr ungeduldig und mit wenig Verständnis dafür, warum es für die Kollegen so schwer ist, diesen Perspektivenwechsel vorzunehmen. Doch führt der CEO das ganze Jahr im Stile des einsamen Helden, darf er sich an dieser Stelle nicht wundern. Andere Perspektiven einzunehmen will geübt sein. Hier verhält es sich genauso wie mit Muskeln, die nicht gebraucht werden. Sie verlieren schnell ihre Kraft und können ohne Training unmöglich am Tag X kraftvoll und geschmeidig ihren Dienst verrichten.

Was die Fehlerkultur anbelangt, ist ein erster wichtiger Schritt getan, wenn bewusst wird, wie diese im eigenen Unternehmen wirklich ausgeprägt ist. Leider sind sich Führungskräfte oft viel zu wenig bewusst, wie sie mit ihren eigenen Interventionen die Fehlerkultur prägen. Da denke ich zurück an meine Zeit bei IBM in den frühen 2000er Jahren. Damals wurde jedem Projektleiter „No troubled project" als nicht verhandelbares Ziel vorgegeben. Das bedeutete in der Konsequenz, jeder Projektleiter sorgte dafür, dass sein Projekt nach außen immer so aussah, als sei alles im grünen Bereich und zwar ganz unabhängig vom tatsächlichen Status! Anstelle von Früherkennung und der Möglichkeit, schnell zu reagieren, passierte das Gegenteil. Schwierigkeiten wurden tendenziell so lange wie möglich verschwiegen. Somit „wurstelten" dann einige Projektleiter lieber selbst herum, als schnellst möglich auf die geeignete Unterstützung innerhalb der Firma zurückzugreifen. Im Ergebnis war damit die Leistung des potenten Großunternehmens nicht besser als dasjenige eines Freelancers, der alles alleine machen muss, weil er nicht auf andere Fachleute zurückgreifen kann.

8.2 Genau hinschauen: Tiefenbohrung

Wirksame Führungsteams wissen: Fakten sammeln und analysieren – was Manager gemeinhin beherrschen – ist nur ein kleiner Teil des genauen Hinschauens. Soll die Organisation lernen, ist es wichtiger, Muster und Wirkungszusammenhänge zu erkennen (insbesondere Wirkungszusammenhänge der eigenen Führungsinterventionen). Es ist zielführender, „den Wald" zu sehen, als „jeden Baum" wahrzunehmen. Das hat in erster Linie mit Distanz zu tun (darauf komme ich beim nächsten Punkt zurück). Es ist bereits eine erste Schwierigkeit, dass der Auftrag „genau hinzuschauen" grundsätzlich falsch verstanden wird, weil im operativen (Manager-)Alltag meistens Zahlen, Fakten und Analysen gefragt sind. Mit dem wortwörtlich verstandenen „Hinschauen" allein ist es nicht getan. Denn es wäre eine verpasste Chance, hier nur diese eindimensionale Sinneswahrnehmung zu nutzen. Wenn es hingegen gelingt, die Intuition der erfahrenen Führungsleute zu nutzen und auch schwache Signale wahrzunehmen, kommen mit großer Wahrscheinlichkeit auch andere Erkenntnisse zu Tage. Allerdings braucht es dafür schon etwas mehr Zeit.

Die Tugend der schnellen Lösungsorientierung hat manchmal den Preis, dass niemand bemerkt, dass man das Problem noch gar nicht wirklich verstanden hat. Da stellen sich Ungeduld und Unbehagen ein, wenn vorerst nur Beobachtungen und Empfindungen ausgetauscht werden sollen, ohne schon die Lösungen bereitzuhaben, was in der Konsequenz zu machen ist. Wie war die Situation? Wer hat sich wie verhalten? Welche Zusammenhänge sind erkennbar? Wie ging es mir damals in dem Moment? Was haben wir übersehen oder falsch eingeschätzt? Sich auf diese Fragen einlassen bedeutet auch, schwierige Momente emotional noch einmal hochkommen zu lassen. Gut nachvollziehbar, wer hier seine Komfortzone lieber nicht verlässt. Emotionen sind ein gefährliches Terrain für Führungskräfte. Das gilt besonders für im Management oft tabuisierte Gefühle wie Angst oder Wut. Hier fehlt es vielen Führungskräften an einer differenzierten Wahrnehmung. Etwas Übung könnte Abhilfe schaffen. Reife Führungskräfte wissen, dass Führung mit Selbstführung beginnt. Und sich selbst führen bedeutet, seine eigenen Emotionen bewusst wahrzunehmen und nicht auszublenden! Sie ist die Voraussetzung, um seine eigene Wirkung im Führungskontext besser zu verstehen und dies bei den eigenen Führungsinterventionen zu berücksichtigen.

8.2.1 Welche Chancen ergeben sich durch genaues Hinschauen?

Sich geduldig auf den Weg der Tiefenbohrung zu begeben ermöglicht, den üblichen Teufelskreis des Single Loop Learnings zu durchbrechen: Schaut man nicht genau hin und nimmt nur eindimensional wahr, kann nichts Neues entstehen. Kommen keine neuen Einsichten, entsteht der Eindruck, man sollte an dieser Stelle nicht zu viel Zeit verlieren für nichts und man beeilt sich umso mehr, diese Situation zu verlassen. Je mehr man sich beeilt, desto weniger neue Einsichten können entstehen. Im schlechten Fall werden also die ersten (Vor-)Urteile bezüglich Problemen und Schwierigkeiten im vergangenen Jahr bestätigt und entsprechend gehören die Ideen, wie man zur Verbesserung beitragen könnte, in die Gruppe „mehr desselben".

Immer wieder beliebt aus dieser Kategorie ist „zusätzliche Information". Mitarbeitende tun nicht das, was sie eigentlich tun müssten. Und die reflexartige Antwort des Managements ist mehr und häufigere Information. Hier werfe ich gerne die triviale Frage ein: „Denken Sie, das Problem ist, dass die Mitarbeitenden nicht wissen, was sie tun müssten?" Beim zweiten, differenzierteren Blick zeigt sich dann, dass die Zusammenhänge doch komplexer sind als auf den ersten Blick angenommen.

So gab es einen Fall, bei dem eine Abteilung stoisch alle Informationen zu einem Thema ignorierte. Stattdessen orientierte sie sich daran, wie ihr Vorgesetzter mit dem Thema umging: Hielt er sich selbst an neue Weisungen? Ahndete er Verfehlungen? Wies er darauf hin, wenn jemand die neue Weisung nicht berücksichtigte? Als im entsprechenden Führungsteam diese Zusammenhänge aufgedeckt wurden, erkannten die Team-Mitglieder plötzlich, dass sie selbst ein Muster lebten, das immer mehr zu einer Informationsflut führte, die es allen immer schwerer machte, Wichtiges von Unwichtigem zu trennen.

Seltsamerweise ist oft wenig Energie vorhanden, auch auf Erfolge des vergangenen Jahres zu schauen. Vielleicht in der naiven Vorstellung, man könne diese ohne Weiteres jederzeit reproduzieren. Eine verpasste Chance! Gemeinsam auf vergangene Erfolge zurückzuschauen, birgt mehrere Nutzenpotenziale: Das Zurückschauen schafft gemeinsame Identität und fördert das Zusammengehörigkeitsgefühl. Es fokussiert die eigenen Stärken und fördert damit das Selbstbewusstsein. Es hilft, Stärken vermehrt zu nutzen, neu zu variieren und weiterzuentwickeln. Und – last but not least – es hebt die Stimmung.

8.2.2 …und wie es gelingt

Um eine ganzheitlichere Wahrnehmung zu fördern, gibt es zahlreiche „handwerkliche“ Möglichkeiten beim Setting und Design solcher Veranstaltungen und natürlich auch in der Fragetechnik, welche die Moderation gezielt einsetzt. Es würde den Rahmen an dieser Stelle sprengen, im Detail darauf einzugehen. In der Übersicht „Methode Jahresrückblick“ wird eine Methode genauer beschrieben.

Methode Jahresrückblick
Je eine Pinnwand pro Quartal wird vertikal in drei Monate unterteilt. Nebeneinander gestellt erhalten wir so das ganze Jahr auf einen Blick. Nun unterteilen wir die Wände horizontal in vier gleich hohe Bereiche. Den untersten beschriften wir mit „Tiefschläge“. Der zweitunterste heißt „Motivation/Energie“. Der zweioberste zeigt „Schlüsselmomente“ und zuoberst schließlich die „Highlights“.

Zuerst sammeln wir Schlüsselmomente. Die Teilnehmenden werden eingeladen, Momente wichtiger Entscheidungen und Weichenstellungen im vergangenen Jahr je mit einem Pinnwandzettel im Bereich „Schlüsselmomente“ auf der Zeitachse der Pinnwände zu befestigen.

Danach sollen sie „Highlights“ und „Tiefschläge“ anbringen. Zuletzt zeichnet jeder in einer anderen Farbe im Bereich „Motivation/Energie“ den Verlauf der Motivation und Energie der Mitarbeitenden in den von ihm geführten Bereich im vergangenen Jahr ein.

Das „Ausfüllen“ und Zeichnen auf der Wand soll möglichst ohne Gespräche ablaufen. So kann jeder individuell aufgrund seiner Erinnerung seine Beiträge beisteuern. In der zweiten Phase wird dann die fertig gestaltete Wand gemeinsam betrachtet und interpretiert.

- Welche Ereignisse kommen vor? Welche erscheinen nicht mehr?
- Welche Auffälligkeiten zeigen sich?
- Wo gibt es Parallelen – wo zeigen sich unterschiedliche Beurteilungen?
- Welche (evt. unterschiedlichen) Bedeutungen werden Ereignissen gegeben? Was sind die Ursachen dafür?
- Wie hängen „Motivation/Energie" mit den Ereignissen zusammen?
- Wie würden die Kurven wichtiger Kennzahlen übers Jahr aussehen (Umsatz, Produktivität, Qualitätskennzahlen usw.)? Welche Zusammenhänge werden erkannt?
- Welche Erkenntnisse können aus der Analyse für die Zukunft gewonnen werden?
- Welcher Handlungsbedarf wird sichtbar?

Generell lässt sich festhalten, je weniger sich der Jahresendworkshop von einer ordentlichen Geschäftsleitungssitzung unterscheidet, bei der vor allem Management betrieben wird, desto weniger kann man neuartige Erkenntnisse erwarten. Sitzen wir im selben Sitzungszimmer, am selben Tisch zur selben Zeit, wie jede Woche, fällt es schwer, andere Perspektiven einzunehmen, anders wahrzunehmen, anders in den Dialog zu treten usw. Folgende Faktoren machen Ihre Veranstaltung erfolgreicher:

- Jahresendworkshops sollten nicht in den eigenen Räumen stattfinden. Dabei ist die Andersartigkeit der Räumlichkeiten wichtiger als die Distanz zum eigenen Unternehmen. Es gibt inzwischen zahlreiche kreative Alternativen zu teuren Seminarhotels.
- Das Zeitfenster sollte großzügig bemessen sein. Überladen Sie die Agenda nicht zusätzlich mit operativen Themen. Das Ende sollte offen sein, und es gibt die Möglichkeit für einen gemeinsamen informellen Teil, sei es mit einer gemeinsamen Aktivität oder auch nur mit einem gemeinsamen Essen.

Abb. 8.1 Das Führungsteam spielerisch erkunden

- Gönnen Sie sich eine externe Moderation. Nicht weil niemand aus dem Gremium moderieren könnte, sondern weil sich Moderieren und konzentriertes Reflektieren nur schwer vereinbaren lassen.
- Analoge anstelle von digitalen Methoden helfen, Aspekte und Zusammenhänge zu entdecken, die (vorerst) nur schwer ansprechbar sind. Zeichnen, Skizzieren, Malen, Gestalten, die Arbeit mit Symbolen und Metaphern und Ähnliches sind also nicht kindliche Spielerei, sondern effektive, professionelle Methoden. Sie helfen, wichtige Aspekte sichtbar und letztendlich im Gremium bearbeitbar zu machen. So habe ich einmal für einen Jahresendworkshop bei meinem Sohn eine Schachtel mit Playmobil-Figuren ausgeliehen. Ich ließ die teilnehmenden Führungskräfte (Geschäftsleitung eines KMU) dann auswählen, welche der Figuren sie und ihre Rolle im Führungsgremium am besten repräsentieren würde. Die Auswahl war erstaunlich schnell getroffen (siehe Abb. 8.1).
- Mit Hilfe der Figuren konnte das Führungsteam dann über die aggressiven Züge des Ritters und die Bedeutung des sich hinter einer Maske versteckenden Könnens sprechen. Das waren natürlich zentrale Eigenschaften des Betreffenden, welche die alltägliche Zusammenarbeit maßgeblich prägten. Trotzdem gelang es vorher nie, mit ihm die Auswirkungen auf ihre gemeinsame Führungsarbeit zu besprechen.
- Tiefe ist wichtiger als Breite! Es muss nicht flächendeckend alles besprochen werden. Bearbeiten Sie exemplarisch nur ausgewählte Themen. Bei diesen nehmen Sie sich aber Zeit, in die Tiefe zu gehen. Ertragen Sie dabei auch einmal einen Moment der Stille, in

dem vermeintlich nichts Neues mehr passiert, und lassen Sie sich überraschen. Gute Erfahrungen habe ich gemacht, wenn die Aufmerksamkeit der Gruppe oszilliert zwischen dem Blick aus der Distanz, aus der ein Gesamtbild entsteht, und dem Vertiefen von ausgewählten Ereignissen, um ein gemeinsames Verständnis von deren Funktion und Wirkungszusammenhängen zu erlangen. Dabei achte ich besonders auf energiegeladene Themen. Als Außenstehender fällt sofort auf, wenn über auf vermeintlich harmloses Thema plötzlich sehr emotional reagiert wird. Da lohnt es sich, genauer zu betrachten, woher diese Energie kommt!

8.3 Distanz einnehmen

Nehmen Sie an, ein Zug steht noch im Bahnhof, Sie sitzen im Abteil und lesen Zeitung. Der nächste Zug steht gleich auf dem nächsten Gleis nur einen Meter daneben. Nun schauen Sie hinüber und sehen, wie Ihr Zug losfährt. Ihr Blick geht zurück zur Zeitung. Einige Sekunden später schauen Sie noch einmal aus dem Fenster und stellen fest: Es war doch der andere Zug, der losgefahren ist. Ihrer steht noch am selben Ort. Diese Verwechslung geschieht nur, weil man selbst in einem der beteiligten Züge sitzt und sozusagen Teil des Systems ist. Steht man aber neben den Zügen auf dem Bahnsteig, ist sofort erkennbar, welcher Zug fährt und welcher steht.

Im Unternehmen ist es nicht anders: Es braucht Distanz zu dem Objekt, das man untersuchen will. Echte Reflexion ist nur möglich, wenn es gelingt, von außen auf das eigene Unternehmen, das eigene Führungsteam und auf sich selbst zu schauen. Dazu müssen sich solche Führungsteams zuallererst aus der operativen Hektik lösen können – ausgerechnet Ende des Jahres, wenn die operative Hektik bei vielen am größten ist. Besser ist es daher, den Jahresendworkshop eher zu Beginn des neuen Geschäftsjahres anzusetzen, wenn sich die operativen Wogen wieder etwas geglättet haben.

Je stärker sich die Führungskräfte mit dem Unternehmen und mit dem Führungsteam selbst identifizieren, desto schwieriger ist es, genügend Distanz einzunehmen. Sich mit etwas identifizieren bedeutet, dieses Etwas wird zu einem Teil von meiner persönlichen Identität, sprich zu einem Teil von mir selbst. Und wenn es um meine Identität geht, um mein inneres Selbst, dann ist es schwierig, nüchtern, sachlich, distanziert und kritisch zu prüfen. In Bezug auf die eigene Identität sind die Emotionen tonangebend. Die menschliche Psyche mobilisiert enorme Energie, um das eigene Selbst vor Anfeindungen zu schützen, die es in Frage stellen – hochgradig unbewusst und so, dass es von außen meistens als irrational wahrgenommen wird.

8.3.1 Die Chancen von genügend Distanz

Aus angemessener Distanz betrachtend, habe ich die Chance, die eigene Wirksamkeit als Führungskraft zu erkennen: Wie wirken mein Tun und meine Haltung? Wie wirken meine Entscheidungen und unsere Beziehungen? Was (von dem, was ich erkannt habe) hat mit mir selbst zu tun? Was mit den Kunden, den Mitarbeitenden, dem Markt?

Ohne Distanz wird lediglich mit den wahrgenommenen und erinnerten Fakten („der andere Zug fährt ab") gearbeitet. Es bleibt bei der Beobachtung erster Ordnung. Die Beobachtung zweiter Ordnung fehlt, die feststellen würde, wer beobachtet bzw. aus welcher Situation heraus beobachtet wurde. Das kennt der aufmerksame Leser bereits aus Kap. 3: Alles, was gesagt wird, wird von einem Beobachter gesagt. Befassen wir uns nicht mit diesem Beobachter selbst, seiner Perspektive und seinen Wahrnehmungsfiltern, ist der Nutzen begrenzt, denn es bleibt beim Single Loop Learning.

8.3.2 ...und wie man sie erreicht

Drei wesentliche Faktoren erleichtern es einem Führungsteam, genügend Distanz einzunehmen. Erstens eine externe Moderation, also jemand, der selbst nicht Teil des Systems ist und der eine

Außenperspektive mitbringt. Diese Person sollte natürlich über die entsprechenden Moderationskompetenzen verfügen. Darüber hinaus muss sie möglichst unabhängig vom Führungsteam sein und bei diesem über das notwendige Vertrauen verfügen. Das ermöglicht es ihr, kritisch zu hinterfragen und auch einmal unpopuläre, bisweilen provokative Fragen zu stellen, die das Gremium aus der Komfortzone herausführen. Das ist nicht immer einfach, da wir in Leitungsgremien typischerweise eher starke Persönlichkeiten antreffen, die gewohnt sind, selbst zu bestimmen, wo es langgeht. Entsprechend braucht man als Moderator ein gesundes Selbstvertrauen und gutes Durchsetzungsvermögen. Zweitens ist genügend Zeit vonnöten. Ich mache manchmal die Erfahrung, dass insbesondere nüchterne Zahlen-Daten-Fakten-Typen das Abschluss-Feedback geben: „Der Workshop war gut, aber man hätte das auch in kürzerer Zeit machen können." Manchmal wird speziell die erste Phase des Workshops als eher langatmig erlebt. Aus Erfahrung weiß ich jedoch, dass dieser Teil die Grundlage für die effiziente, ergiebige Arbeit im weiteren Verlauf ist. Wie oben beschrieben, braucht es Zeit, um sich seiner unterschiedlichen Rollen bewusst zu werden, sich in die Lage zu versetzen, ganzheitlich wahrnehmen zu können, und die notwendige Distanz einzunehmen. Das Beispiel der Playmobil-Figuren zeigt, dass es mitunter vorkommt, dass sich die Teilnehmenden spielerisch, manchmal sehr humorvoll auf die Aufgabenstellung einlassen, ohne zu realisieren, dass wir schon mitten im Thema sind.

Der dritte Faktor ist Übung. Übung macht den Meister! Je häufiger ein Führungsteam gemeinsam reflektiert, desto effizienter wird es dabei.

8.4 Gemeinsames Lernen

Offenheit, genaues Hinschauen und genügend Distanz sind noch keine Garantie dafür, dass aus den Erkenntnissen dann auch wirklich etwas gelernt wird. Es gibt vermeintlich gute Gründe, warum Führungsgremien sich bei der Jahresklausur lernresistent zeigen. So ist zum Beispiel Lernen immer dann besonders schwierig, wenn man in der Vergangenheit erfolgreich war. Wirksame Führungsteams hingegen verstehen, wie der Erfolg der Vergangenheit zustande gekommen ist. Das ermöglicht es ihnen, Stärken zu stärken und aus der Stärke heraus Neues zu wagen!

Gemeinsames Lernen bedeutet Double-Loop-Lernen auf der organisationalen Ebene. Eine Voraussetzung dafür im Jahresendworkshop ist, aus der Analyse und Reflexion ein gemeinsames Gesamtverständnis zu erlangen. Sie ist die Basis, um von den Erkenntnissen zu konkretem Handeln und gemeinsamen Veränderungsentscheidungen zu gelangen, welche auf der organisationalen Ebene zum Tragen kommen. Wenn aus der Reflexion keine gemeinsam getragenen Entscheidungen hervorgehen, bleiben sie letztlich für das Unternehmen wirkungslos. Im besten Falle lernen dann einzelne Führungskräfte etwas, das ihr künftiges Handeln beeinflussen wird.

Einen Lernprozess nach dem Workshop, zurück in der Organisation anzustoßen, ist mitunter ein kräftezehrendes, langwieriges Unterfangen. Es ist schwer festzulegen, ob es Ursache oder Wirkung ist, wenn die Führungskräfte zurück im Betrieb sofort wieder vom operativen Tagesgeschäft vereinnahmt werden und die Erkenntnisse aus dem Workshop kaum mehr konsequent genutzt werden. De facto ist damit die Investition in den gemeinsamen Workshop weitgehend ohne Return on Investment verpufft.

Mit einem Managementteam hatte ich die Erfahrung gemacht, dass die Team-Mitglieder zurück im Betrieb noch erste Maßnahmen ergriffen haben. Es fehlte aber an der notwendigen Konsequenz. So nahmen sie sich vor, ein regelmäßiges Meeting, das alle für ineffizient hielten, neu aufzustellen. Es sollte häufiger stattfinden, dafür weniger lange dauern. Zudem sollten die Teilnehmenden wechseln, sodass immer die richtigen Personen an dem sie betreffenden Meeting teilnehmen. Es blieb bei zwei Terminen nach dem neuen Modus, dann entstand eine längere Pause (wegen Abwesenheiten) und danach ging es im alten Trott weiter. Als ich sie später darauf ansprach, ob sich die geplante Maßnahme, diese Sitzung zu ändern, denn nun doch als falsches Mittel herausgestellt hätte, fühlten sie sich ertappt. Nein, eigentlich wäre es genau das Richtige gewesen, doch niemand fühlte sich verantwortlich und war bereit, die notwendige Zeit und Energie in diese Veränderung zu investieren!

8.4.1 Die Chancen des gemeinsamen Lernens

Führungsteams wissen: Bei Unternehmen ist es wie bei Seiltänzern. Die Stabilität ist das Ergebnis von unzähligen, geschickt koordinierten Bewegungen! Bei Managementrunden wird dagegen manchmal die Strategie vertreten, Stabilität durch eine Form der Totenstarre aufrechtzuerhalten. Ein gefährlicher Trugschluss! Selbst im Falle eines erfolgreichen Unternehmens ist die Lernresistenz der Anfang vom Ende. Der Reflex, möglichst starr zu verharren, hat eben gerade nicht zur Folge, dass alles beim Alten bleibt.

Organisationales Lernen bedeutet, das Unternehmen verbessert seine Fähigkeit, sich veränderten Umweltbedingungen anzupassen. In Zeiten immer schnellerer Veränderungen in der Welt ist genau diese Flexibilität mehr und mehr die wichtigste Fähigkeit überhaupt, um langfristig erfolgreich sein zu können! Sich veränderten Umweltbedingungen anzupassen, bedingt nämlich ab und zu auch, grundlegende Werte und Prämissen des eigenen Tuns zu hinterfragen und bei Bedarf zu modifizieren.

8.4.2 ...und wie es gelingt

Bei jeder neuen Erkenntnis im Workshop kann man sich fragen: Was geschieht, wenn sich diesbezüglich bei uns nichts ändert? Lautet die Antwort: „Es passiert gar nichts", so kann man schnell zum nächsten Punkt gehen. Werden aber ohne Anpassung negative Konsequenzen erwartet, müssen die nächsten Schritte konkret geplant werden! Ich habe gute Erfahrungen damit gemacht, am Schluss des Workshops gemeinsam noch einmal zu resümieren, welche die zentralen Erkenntnisse sind, die man mitnimmt. Meistens sollen die Teilnehmenden individuell für sich überlegen, welche Erkenntnisse sie für sich selbst aus dem Workshop mitnehmen. Die zweite Frage zielt darauf ab, was das Führungsteam als Kollektiv als Erkenntnisse mitnehmen kann. Damit werden zuallererst die gemeinsamen Ergebnisse noch einmal sichtbar. Es zeigt sich aber auch, inwiefern die Ergebnisse von den Teilnehmenden gleichbewertet werden. Nur gemeinsam als wichtig bewertete Ergebnisse haben gute Chancen, außerhalb des Workshops zu wirken. In den meisten Fällen kann ein Führungsteam schon im Workshop recht gut beurteilen, mit welchen Umsetzungshindernissen zu rechnen ist. Sofern man diesen Gedanken etwas nachgeht und sich dafür genügend Zeit nimmt, finden sich sehr schnell Ideen, wie man diese Umsetzungshindernisse überwinden kann.

Ein Dauerbrenner bei diesen Umsetzungshindernissen ist die Notwendigkeit, bestehende Gewohnheiten abzulegen und anzuerkennen, dass die Art und Weise, wie man etwas bisher gemacht hat, den veränderten Anforderungen nicht mehr gerecht wird. Dieser Teil beinhaltet immer die implizite Abwertung dessen, was heute vorhanden ist. Auch wenn es selten so gemeint ist, hören die Betroffenen unterschwellig: „Was Du bis jetzt gemacht hast, ist nicht gut genug!“ Und von da ist es nicht mehr weit, die beschlossene Veränderung persönlich zu nehmen: „Du bist nicht gut genug!“ Als Konsequenz regt sich darauf zuerst einmal der Widerstand der verletzten Persönlichkeit! Diese (falschen) impliziten Botschaften gilt es daher zu transferieren, etwa folgendermaßen: „Bis jetzt war das sehr gut, was Du gemacht hast. Weil sich aber die Welt da draußen verändert hat, machen wir es jetzt anders, damit es wieder optimal passt.“

Printing: Ten Brink, Meppel, The Netherlands
Binding: Ten Brink, Meppel, The Netherlands